Wolf-Jürgen Denner

Theoretische und experimentelle Untersuchungen an dreidimensionalen Wirbelströmungen für industrielle Absauganlagen

Mit 78 Abbildungen und 10 Tabellen

Springer-Verlag
Berlin Heidelberg New York
London Paris Tokyo
Hong Kong Barcelona
Budapest 1993

Dipl.-Ing. Wolf-Jürgen Denner
Fraunhofer-Institut für Produktionstechnik und Automatisierung (IPA), Stuttgart

Prof. Dr.-Ing. Dr. h. c. Dr.-Ing. E. h. H. J. Warnecke
o. Professor an der Universität Stuttgart
Fraunhofer-Institut für Produktionstechnik und Automatisierung (IPA), Stuttgart

Prof. Dr.-Ing. habil. Dr. h. c. H.-J. Bullinger
o. Professor an der Universität Stuttgart
Fraunhofer-Institut für Arbeitswirtschaft und Organisation (IAO), Stuttgart

D 93

ISBN-13: 978-3-540-57410-1   e-ISBN-13: 978-3-642-47884-0
DOI: 10.1007/ 978-3-642-47884-0

Gesamtherstellung: Copydruck GmbH, Heimsheim
62/3020-6 5 4 3 2 1 0

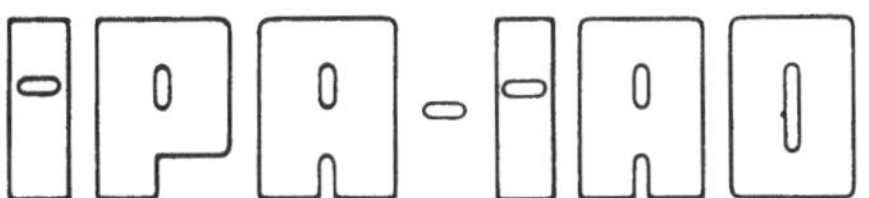

Forschung und Praxis

Band 187

Berichte aus dem
Fraunhofer-Institut für Produktionstechnik
und Automatisierung (IPA), Stuttgart,
Fraunhofer-Institut für Arbeitswirtschaft
und Organisation (IAO), Stuttgart,
Institut für Industrielle Fertigung und
Fabrikbetrieb der Universität Stuttgart und
Institut für Arbeitswissenschaft und
Technologiemanagement, Universität Stuttgart

Herausgeber: H. J. Warnecke und H.-J. Bullinger

Geleitwort der Herausgeber

Über den Erfolg und das Bestehen von Unternehmen in einer marktwirtschaftlichen Ordnung entscheidet letztendlich der Absatzmarkt. Das bedeutet, möglichst frühzeitig absatzmarktorientierte Anforderungen sowie deren Veränderungen zu erkennen und darauf zu reagieren.

Neue Technologien und Werkstoffe ermöglichen neue Produkte und eröffnen neue Märkte. Die neuen Produktions- und Informationstechnologien verwandeln signifikant und nachhaltig unsere industrielle Arbeitswelt. Politische und gesellschaftliche Veränderungen signalisieren und begleiten dabei einen Wertewandel, der auch in unseren Industriebetrieben deutlichen Niederschlag findet.

Die Aufgaben des Produktionsmanagements sind vielfältiger und anspruchsvoller geworden. Die Integration des europäischen Marktes, die Globalisierung vieler Industrien, die zunehmende Innovationsgeschwindigkeit, die Entwicklung zur Freizeitgesellschaft und die übergreifenden ökologischen und sozialen Probleme, zu deren Lösung die Wirtschaft ihren Beitrag leisten muß, erfordern von den Führungskräften erweiterte Perspektiven und Antworten, die über den Fokus traditionellen Produktionsmanagements deutlich hinausgehen.

Neue Formen der Arbeitsorganisation im indirekten und direkten Bereich sind heute schon feste Bestandteile innovativer Unternehmen. Die Entkopplung der Arbeitszeit von der Betriebszeit, integrierte Planungsansätze sowie der Aufbau dezentraler Strukturen sind nur einige der Konzepte, die die aktuellen Entwicklungsrichtungen kennzeichnen. Erfreulich ist der Trend, immer mehr den Menschen in den Mittelpunkt der Arbeitsgestaltung zu stellen - die traditionell eher technokratisch akzentuierten Ansätze weichen einer stärkeren Human- und Organisationsorientierung. Qualifizierungsprogramme, Training und andere Formen der Mitarbeiterentwicklung gewinnen als Differenzierungsmerkmal und als Zukunftsinvestition in *Human Recources* an strategischer Bedeutung.

Von wissenschaftlicher Seite muß dieses Bemühen durch die Entwicklung von Methoden und Vorgehensweisen zur systematischen Analyse und Verbesserung des Systems Produktionsbetrieb einschließlich der erforderlichen Dienstleistungsfunktionen unterstützt werden. Die Ingenieure sind hier gefordert, in enger Zusammenarbeit mit anderen Disziplinen, z.B. der Informatik, der Wirtschaftswissenschaften und der Arbeitswissenschaft, Lösungen zu erarbeiten, die den veränderten Randbedingungen Rechnung tragen.

Die von den Herausgebern geleiteten Institute, das

- Institut für Industrielle Fertigung und Fabrikbetrieb der
  Universität Stuttgart (IFF),

- Institut für Arbeitswissenschaft und Technologiemanagement (IAT)

- Fraunhofer-Institut für Produktionstechnik und Automatisierung
  (IPA),

- Fraunhofer-Institut für Arbeitswirtschaft und Organisation (IAO)

arbeiten in grundlegender und angewandter Forschung intensiv an
den oben aufgezeigten Entwicklungen mit. Die Ausstattung der
Labors und die Qualifikation der Mitarbeiter haben bereits in der
Vergangenheit zu Forschungsergebnissen geführt, die für die Praxis
von großem Wert waren. Zur Umsetzung gewonnener Erkenntnisse wird
die Schriftenreihe "IPA-IAO - Forschung und Praxis" herausgegeben.
Der vorliegende Band setzt diese Reihe fort. Eine Übersicht über
bisher erschienene Titel wird am Schluß dieses Buches gegeben.

Dem Verfasser sei für die geleistete Arbeit gedankt, dem Springer-
Verlag für die Aufnahme dieser Schriftenreihe in seine Angebots-
palette und der Druckerei für saubere und zügige Ausführung. Möge
das Buch von der Fachwelt gut aufgenommen werden.

                              H.J. Warnecke   H.-J. Bullinger

Vorwort

Die vorliegende Arbeit entstand während meiner Tätigkeit als wissenschaftlicher Mitarbeiter am Fraunhofer-Institut für Produktionstechnik und Automatisierung (IPA), Stuttgart.

Mein besonderer Dank gilt dem Leiter des Instituts, Herrn Professor Dr.-Ing. H.-J. Warnecke, für seine großzügige Unterstützung und Förderung, die entscheidend zur erfolgreichen Durchführung dieser Arbeit beigetragen haben.

Herrn Professor Dr.-Ing. H. Bach danke ich für die Übernahme des Mitberichtes, für die eingehende Durchsicht und für die wertvollen Hinweise, die sich daraus ergaben.

Aus dem großen Kreis der Kollegen am Institut, die mich durch ihre Mitarbeit und anregende Kritik unterstützt haben, möchte ich die Herren Dr.-Ing E. Degenhart, Dr.-Ing. M. Schweizer, Prof. Dr.-Ing. R.-D. Schraft sowie Herrn V. Kniep und Herrn G. Breitschwerdt besonders erwähnen.

Nicht zuletzt sei auch Frau M. G. Honig für das Schreiben der Arbeit herzlich gedankt.

Friedrichshafen, Mai 1993

Wolf-Jürgen Denner

Inhaltsverzeichnis

Abkürzungen und Formelzeichen

A	m^2	Querschnittsfläche
a	-	Konfigurationsverhältnis
B_M	m	Meßfeldbreite
C	-	Konstante
C_μ	-	Proportionalitätsfaktor
c_w	-	Widerstandsbeiwert
D_1	m	Zylinderdurchmesser
D_2	m	Saugrohrdurchmesser
D_3	m	Scheibendurchmesser
D_{FR}	m	Flügelraddurchmesser
D_i	m	Innendurchmesser
D_s	m	Streuteilchendurchmesser
d_{11}	m	Durchmesser der inneren Kernzone
d_{12}	m	Durchmesser der mittleren Kernzone
d_{13}	m	Durchmesser der äußeren Kernzone
E	$m^2\,s^{-1}$	Ergiebigkeit der Senke
f	m	Brennweite
f_S	s^{-1}	Signalfrequenz
f_{SH}	s^{-1}	Shiftfrequenz
GL	-	Gitterlinie
G_k	-	Erzeugungsterm
H	m	Höhe
H_0	m	Abstand zwischen Haube und Grundfläche
H_1	m	Höhe der zylindrischen Haube
H_2	m	Saugrohrlänge
H_3	m	Schaufelunterkante
H_i	m	Innenhöhe
h	m	Höhe der Zuflußzone
I	-	I-Linie des numerischen Gitters
J	-	J-Linie des numerischen Gitters
JHAUB	-	Radius der Saughaube
JSTEP	-	Radius des Saugrohres
k	-	kinetische Energie der Turbulenz
LDA	-	Laser-Doppler-Anemometer
l	m	Länge

Symbol	Unit	Description
ME	-	Meßebene
N	-	Zahl der Streupartikel
NOUT	-	Länge des Saugrohres
NST1	-	Länge der Saughaube
n	s^{-1}	Drehzahl
n_{FR}	s^{-1}	Flügelraddrehzahl
P	W	Leistung
P_{el}	W	elektrische Leistung
PM	-	Photomultiplikator
p	Pa	Druck
Δp^*	-	dimensionsloser statischer Druck
R	m	Radius des Meßfeldes
R_i	m	Innenradius
R_S	m	Schwankungsradius des WK
R_{SH}	m	Radius der Saughaube
Re	-	Reynoldszahl
Re_r	-	radiale Reynoldszahl
r	m	Radius
r_0	m	Radius der Konvergenzzone
r_1	m	Kernradius
r_m	m	Radius des Geschwindigkeitsmaximums
r_s	m	Radius der Zuflußzone
r_w	m	Radius der Konvektionszone
S	-	Drallzahl
S_{kr}	-	kritische Drallzahl
S_Φ	-	Quelldichte
SH	-	Saughaube
T_S	s^{-1}	Schwankungsperiode des WK
Tu	-	Turbulenzgrad
t	s	Zeit
U	m	Umfang der Saughaube
v	ms^{-1}	Geschwindigkeit
$\bar{v}$	ms^{-1}	gemittelte Geschwindigkeit
v_r	ms^{-1}	radiale Geschwindigkeitskomponente

v_s	ms^{-1}	Umfangsgeschwindigkeit der Scheibe
v_s	ms^{-1}	Strömungsgeschwindigkeit im Saugrohr
v_z	ms^{-1}	axiale Geschwindigkeitskomponente
v_φ	ms^{-1}	tangentiale Geschwindigkeitskomponente
$\dot{V}$	$m^3 s^{-1}$	Volumenstrom
$\dot{V}_{ab}$	$m^3 s^{-1}$	Abluftvolumenstrom
$\dot{V}_{in}$	$m^3 s^{-1}$	Volumenstrom über freie Grenzschicht
$\dot{V}_z$	$m^3 s^{-1}$	axialer Volumenstrom
$\dot{V}_{zu}$	$m^3 s^{-1}$	Zuluftvolumenstrom
WG	-	Wirbelgenerator
WK	-	Wirbelkern
Δx	m	Gitterlinienabstand
Z	-	Funktion der statistischen Wahrscheinlichkeit
α	grad	Haubenöffnungswinkel
Γ	$m^2 s^{-1}$	Zirkulation
ε	-	Dissipationsrate der turbulenten Energie
ζ	-	Widerstandsbeiwert der Saughaube
Θ	grad	Zuflußwinkel
$\varkappa$	-	Isentropenexponent
λ	m	Wellenlänge
μ	Pa s	dynamische Viskosität
μ_{eff}	Pa s	effektive Viskosität
μ_t	Pa s	Wirbelviskosität
ν	$m^2 s^{-1}$	kinematische Viskosität
ρ	$kg\,m^{-3}$	Dichte
ρ_0	$kg\,m^{-3}$	Dichte der Umgebungsluft
σ	-	statistische Abweichung
τ	$N\,m^{-2}$	Schubspannung
Φ	-	unabhängige Variable
φ	grad	halber Schnittwinkel
Ψ	$m^3 s^{-1}$	Stromfunktion
ω	s^{-1}	Wirbelvektor

1 Einleitung

1.1 Industrielle Schadstoffabsaugung

Zahlreiche industrielle Prozesse sind mit der Entstehung von Stäuben, Gasen, Dämpfen oder Nebel verbunden. Die weitaus meisten dieser Emissionen sind in größeren Konzentrationen für den Menschen gesundheitsgefährdend und stören den Arbeitsprozeß. Sinkende Arbeitsproduktivität, erhöhter Krankenstand sowie erhöhte Unfallgefahr am Arbeitsplatz durch nachlassende geistige Konzentration und körperliche Leistungsfähigkeit des arbeitenden Menschen sind die Folge.

Aufgabe der industriellen Lüftungs- und Klimatechnik ist

- den Menschen vor gesundheitsschädigenden Stoffen zu schützen,
- die physiologischen und hygienischen Voraussetzungen zur Erzielung einer optimalen Arbeitsleistung zu schaffen,
- den Schutz der Produktion und des Materials vor schädigenden Einflüssen sicherzustellen /1/.

Die physiologischen Bedingungen sind erfüllt, wenn thermische Behaglichkeit, d.h. das menschliche Wärmegleichgewicht hergestellt ist. Die thermische Behaglichkeit kann durch die

- Raumlufttemperatur
- relative Raumluftfeuchte
- Raumluftgeschwindigkeit
- mittlere Temperatur der Raumschließungsflächen
- Aktivitätsgrad der Personen
- Isolierwert der Kleidung

beeinflußt werden /2/. Von diesen insgesamt 6 Größen können durch die Luftführung im Raum nur Raumlufttemperatur, Raumluftfeuchte und Raumluftgeschwindigkeit verändert werden.

Die hygienischen Voraussetzungen am Arbeitsplatz, d.h. die Einhaltung der vom Gesetzgeber vorgeschriebenen maximalen Arbeitsplatzkonzentrationen (MAK-Werte), können durch eine Gesamtraumklimatisierung nur dann erreicht werden, wenn Schadstoffe und Wärmemengen in nicht zu großer Intensität über die gesamte Hallenfläche gleichmäßig verteilt auftreten /3/. Bei Arbeitsplätzen mit großem Schadstoffanfall sowie extremen Kühl- und Heizlasten sind deshalb örtlich begrenzte lüftungstechnische Maßnahmen erforderlich. Zur Reduzierung der Belastung stehen zwei Methoden zur Verfügung, die nach Möglichkeit gemeinsam angewandt werden sollten /4/:

- Die direkte, möglichst vollständige Erfassung freigesetzter
  Wärme- und Stoffströme,
- die Herabsetzung der Lastkonzentrationen in den Arbeits-
  bereichen durch Zufuhr konditionierter Außenluft.

Gewöhnlich wird die schadstoff- oder thermisch belastete Luft am Entstehungsort der Luftverunreinigung durch einen Ventilator abgesaugt und über eine Rohrleitung ins Freie geblasen. Ist die Luft mit Staub angereichert, kann zusätzlich ein Abscheider in der Saugleitung vorgesehen werden. Derartige Anlagen werden unter dem Begriff 'industrielle Absauganlagen' zusammengefaßt /5/. Die wesentlichen Unterscheidungsmerkmale dieser Anlagen liegen in der Art der Schadstofferfassung; sie reicht vom einfachen Saugstutzen bis zur vollständigen Ummantelung der Schadstoffquelle bei einer Schrankabsaugung.

In den meisten industriellen Anwendungsfällen wird ein großer Abstand zwischen Saugöffnung und Schadstoffquelle gewünscht, um den Zugang zum Arbeitsprozeß zu erleichtern. Außerdem soll der Luftverbrauch der Absauganlage aus wirtschaftlichen Gründen der Ergiebigkeit der Schadstoffquelle angepaßt sein, so daß nur wenig thermisch aufbereitete Raumluft verbraucht wird. Diese gegensätzlichen Anforderungen können durch freie Saugströmungen nicht erfüllt werden, da die Luftgeschwindigkeit umgekehrt proportional zum Quadrat der Entfernung vom Saugquerschnitt abnimmt, so daß bereits in geringer Entfernung von der Saugöffnung kein wirkungsvoller Schadstofftransport mehr erfolgt.

Um die Wirkung von industriellen Absauganlagen zu verbessern, muß einerseits die Transportgeschwindigkeit der Schadstoffe im Strömungsfeld vergrößert und andererseits der Abluftvolumenstrom aus wirtschaftlichen Gründen verringert werden. Im folgenden wird am Beispiel einer Saughaube ein Verfahren beschrieben, das beide Anforderungen erfüllt.

1.2   Zielsetzung und Vorgehensweise

Das Ziel dieser Arbeit ist die Entwicklung einer industriellen Saughaube mit Wirbelströmung, die im Vergleich zu konventionellen Geräten einen wesentlich verbesserten Schadstofftransport bei gleichzeitig größerer Erfassungsreichweite und reduziertem Abluftvolumenstrom ermöglicht. Diese Eigenschaften sollen durch eine tornadoähnliche Wirbelströmung erzielt werden, mit der gas- oder staubförmige Schadstoffe in Bereichen hoher Absauggeschwindigkeiten konzentriert werden können, so daß auch bei wesentlich reduziertem Abluftvolumenstrom ein effektiver Schadstofftransport von der Emissionsquelle zum Saugrohr gewährleistet werden kann.

Die Grundlage für die Entwicklung der Saughaube mit Wirbelströmung werden die vorwiegend aus meteorologischem Interesse erarbeiteten Ergebnisse der Tornadosimulation sein. Die Übertragung und Umsetzung dieser Ergebnisse auf die besonderen Anforderungen einer industriellen Absauganlage soll im Rahmen dieser Arbeit durch eine Kombination von theoretischen und experimentellen Untersuchungen erfolgen, um eine zielgerichtete Entwicklung der Saughaube zu ermöglichen. Dazu soll mit Hilfe eines numerischen Simulationsverfahrens das Strömungsfeld analysiert und durch Variation der geometrischen und strömungsmechanischen Parameter für den vorgesehenen Anwendungsfall optimiert werden. Diese Arbeiten sollen wesentliche Hinweise auf die konstruktive Auslegung und Dimensionierung der Versuchsmodelle, vor allem hinsichtlich der geeigneten Wirbelerzeugung liefern.

Die experimentellen Untersuchungen werden aus meßtechnischen Gründen sowohl in Wasser als auch in Luft durchgeführt. An die Entwicklung und Erprobung geeigneter Versuchsmodelle werden sich kinematographische Untersuchungen des Strömungsfeldes anschließen, um das Anlaufverhalten der Wirbelströmung und die Ausbildung des Wirbelkerns zu bestimmen. Diese rein qualitativen Untersuchungen werden durch Messungen der Geschwindigkeits- und Druckverteilung im Strömungsfeld ergänzt. Dazu wird die Entwicklung spezieller Versuchseinrichtungen ebenso wie die Weiterentwicklung bekannter Meßverfahren erforderlich sein, um eine störungsfreie Untersuchung des Wirbelfeldes zu ermöglichen.

Den Abschluß der Arbeiten wird eine zusammenfassende Beurteilung der Untersuchungsergebnisse bilden, wobei die Leistungsmerkmale der Saughaube mit Wirbelströmung denen konventioneller Bauart gegenübergestellt und bewertet werden.

2   Stand der Absaugtechnik

Die unter dem Oberbegriff 'Industrielle Absauganlagen' zusammenge-
faßten Anlagen unterscheiden sich durch die Bauweise ihrer Saugvor-
richtungen und sind den jeweiligen Anforderungen des Fertigungspro-
zesses präzise anzupassen /4/ Bestimmend für die Auswahl einer geeigneten Saugvorrichtung sind die physikalischen und chemischen
Eigenschaften der Schadstoffe, die Intensität der Schadstoffentwicklung,
die Gefährlichkeit der Schadstoffe, die erforderliche Absauggeschwin-
digkeit und prozeßspezifische Bedingungen, wie zum Beispiel freie Sicht
und Zugänglichkeit zum Arbeitsplatz. Eine Übersicht über moderne Er-
fassungseinrichtungen wird in /6/ gegeben.

Entsprechend den Zielen dieser Arbeit beziehen sich die folgenden
Betrachtungen ausschließlich auf freie Saugöffnungen und Saughauben
in Form von Oberhauben.

2.1   Erfassung der Schadstoffe

Allgemein gilt, daß von Luft getragene Schadstoffe nur über eine Strömungssenke zu erfassen sind /4/. Die bei produktionstechnischen Pro-
zessen auftretenden Schadstoffe besitzen meist eine Eigengeschwindigkeit, die durch ihr spezifisches Gewicht, thermische Einflüsse oder
durch den Arbeitsvorgang erzeugt wird. Zur Erfassung der Schadstoffe
muß deshalb der örtliche Geschwindigkeitsvektor der Saugluft größer
als die Eigengeschwindigkeit der Schadstoffe sein. Diese, von der Art
der Schadstoffe und dem Arbeitsvorgang abhängige Geschwindigkeit
wird als Erfassungsgeschwindigkeit bezeichnet /7/ und liegt als Erfah-
rungswert für die meisten Produktionsvorgänge vor. Typische Erfassungsgeschwindigkeiten liegen zwischen 0,25 . . . 1,0 m/s, können aber
bei Schleifarbeiten oder Sandstrahlen auch 10 m/s übersteigen /1/.

Die Qualität einer Erfassungseinrichtung wird durch den Erfassungsgrad
x ausgedrückt /6/. Eine Bewertung des Erfassungsgrades kann heute
aber nur für wenige, einfache Geometrien und Schadstoffausbrei-
tungsmechanismen durchgeführt werden, da nur für diese Berech-
nungsgleichungen vorliegen. Computergestützte numerische Berech-

nungsverfahren befinden sich noch in Entwicklung und Meßverfahren, mit denen durch Konzentrationsmessung der Erfassungsgrad bestimmt werden kann, sind noch nicht standardisiert /4/.

2.2 Das Geschwindigkeitsfeld von freien Saugöffnungen und Saughauben

Die Geschwindigkeitsverteilung vor einer Saugöffnung kann für große Entfernungen vom Saugquerschnitt näherungsweise potentialtheoretisch ermittelt werden, wenn die Saugöffnung als punktförmige Strömungssenke betrachtet wird. In diesem speziellen Fall sind die Stromlinien radiale Ursprungsgeraden und die Äquipotentialflächen sind zum Ursprung konzentrische Kugeln mit dem Radius r. Die örtliche Geschwindigkeit läßt sich nach Gl. 2.1 ermitteln, wobei E < 0 die Ergiebigkeit der Senke darstellt /8/.

$$v_r = \frac{E}{4\pi r^2} \sim \frac{1}{r^2} \qquad (2.1)$$

Charakteristisch für die Senkenströmung ist die quadratische Beziehung zwischen örtlicher Geschwindigkeit und radialer Entfernung vom Ursprung, d. h. die Geschwindigkeit nimmt mit wachsender Entfernung vom Ursprung schnell ab, wird im Ursprung selbst aber unendlich groß. Im Öffnungsquerschnitt realer Saugöffnungen kann dagegen der Geschwindigkeitsbetrag nur endlich sein, so daß die Stromlinien im Bereich des zwei- bis dreifachen Öffnungsdurchmesser deutlich von den Ursprungsgeraden abweichen /8/.

In der industriellen Praxis reduzieren die erforderliche Erfassungsgeschwindigkeit und der aus wirtschaftlichen Gründen begrenzte Abluftvolumenstrom die nutzbare Erfassungsreichweite von Saugöffnungen auf eine Entfernung, die dem Durchmesser des Saugrohres entspricht. Gerade in diesem Bereich ist Gl. 2.1 zur Berechnung der Luftgeschwindigkeit nicht geeignet. In der Lüftungstechnik werden deshalb empirische Formeln benutzt, die aus experimentellen Untersuchungen abgeleitet wurden. Näherungsbeziehungen für die Berechnung der axialen Geschwindigkeit und des Saugluftvolumenstroms für beliebige runde, quadratische oder rechteckige Saugöffnungen und -hauben sind in Tab. 2.1 zusammengestellt /5/.

	axiale Geschwindigkeit $[\text{m/s}]$	Saugluftvolumenstrom $[\text{m}^3/\text{s}]$
freie Saugöffnung	$\dfrac{v_x}{v} = \dfrac{A}{10\,x^2 + A}$	$\dot{V} = v_x\,(10\,x^2 + A)$
freie Saugöffnung mit Flansch	$\dfrac{v_x}{v} = 1{,}33\,\dfrac{A}{10\,x^2 + A}$	$\dot{V} = \dfrac{v_x}{1{,}33}\,(10\,x^2 + A)$
freihängende Oberhaube	$\dfrac{v_x}{v} = \dfrac{0{,}5\,A}{x \cdot U}$	$\dot{V} = 2\,x \cdot U \cdot v_x$

Tabelle 2.1: Axiale Geschwindigkeit und Saugluftvolumenstrom
nach Dalla Valle /9/

v - Luftgeschwindigkeit im Saugquerschnitt

v_x - Luftgeschwindigkeit in der axialen Entfernung x vor
dem Saugquerschnitt

x - axiale Entfernung von der Saugöffnung bzw. senkrech-
ter Abstand zwischen Haubenkante und Arbeitsfläche

A - Querschnittsfläche der Saugöffnung

U - Umfang der Haube

Die Geschwindigkeitsverteilung vor einer runden Saugöffnung ist in
Bild 2.1 aufgrund experimenteller Untersuchungen dargestellt /1/. In einer Entfernung, die dem Durchmesser der Saugöffnung entspricht, ist
die axiale Geschwindigkeit bereits auf ca. 7 % des im Ansaugquerschnitt herrschenden Wertes zurückgegangen. Wird die freie Saugöffnung dagegen mit einem kurzen Flansch versehen, beträgt die axiale
Geschwindigkeit in der Entfernung von einem Saugrohrdurchmesser
noch 10 % des im Ansaugquerschnitts herrschenden Wertes (Bild 2.1) und
liegt somit um 33 % höher als bei einer Saugöffnung ohne Flansch.

Das Geschwindigkeitsfeld der frei ansaugenden Haube unterscheidet
sich nicht grundsätzlich von dem der freien Saugöffnung. Die Berechnung der axialen Geschwindigkeitskomponenten sowie des erforderlichen Abluftvolumenstroms werden aber dadurch erschwert, daß Saug-

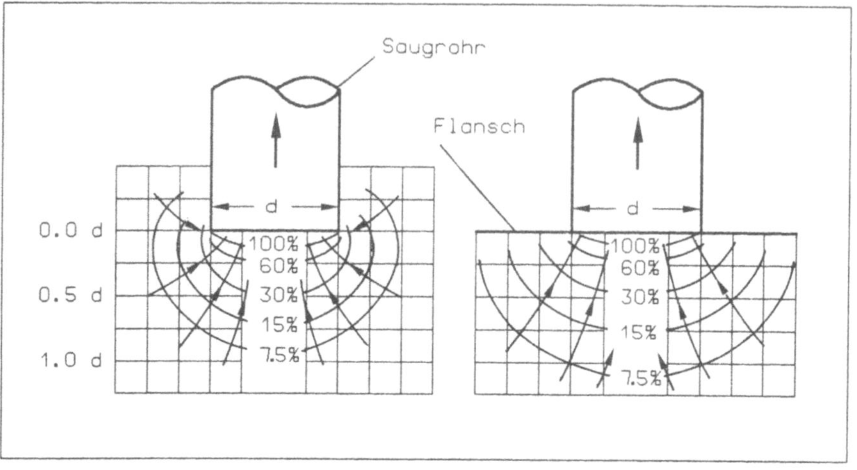

Bild 2.1:   Geschwindigkeitsverteilung vor einer runden Saugöffnung ohne und mit Flansch in Prozent der Ansauggeschwindigkeit im Rohrquerschnitt /1/

hauben meist über Arbeitstischen, Bädern oder Tanks angebracht werden, die das Geschwindigkeitsfeld völlig verändern. Erfahrungswerte für die Sauggeschwindigkeit in der Haubenflächenebene liegen zwischen v - 0,5 m/s bei einseitig offenen Hauben und v - 1,2 m/s bei allseitig offenen Hauben. Bei Hauben mit Randabsaugung kann die Luftmenge um ca. 20 % aufgrund der besseren Saugwirkung reduziert werden, allerdings steigt die Geschwindigkeit im Saugschlitz dann auf ca. 10 m/s an.

Saughauben in Form von Oberhauben sind lufttechnisch sehr wirksam, erfordern jedoch hohe Luftmengen, wenn zwischen Haube und Arbeitsfläche ausreichend Raum vorhanden sein soll. Bei geringen Erfassungsgeschwindigkeiten stören darüber hinaus Querströmungen die Saugwirkung beträchtlich. Die wirksamste Anordnung der Saughaube über einer Arbeitsfläche ist in Bild 2.2 dargestellt.

Die Geschwindigkeitsverteilung unter der Haube und der Widerstandsbeiwert ζ der Absauganlage werden durch den Haubenwinkel (Öffnungswinkel α) beeinflußt. Sowohl bei runden als auch rechteckigen Hauben wird das Geschwindigkeitsprofil mit wachsendem Haubenwinkel α völliger, während der Widerstandsbeiwert ζ bei $\alpha \approx 40°$ ein Minimum erreicht (Bild 2.3). Eine noch weitgehend völlige Form des Geschwindigkeitsprofiles und ein geringer Widerstandsbeiwert ζ lassen sich mit einem Haubenwinkel von $\alpha \approx 80°$ erzielen /1/.

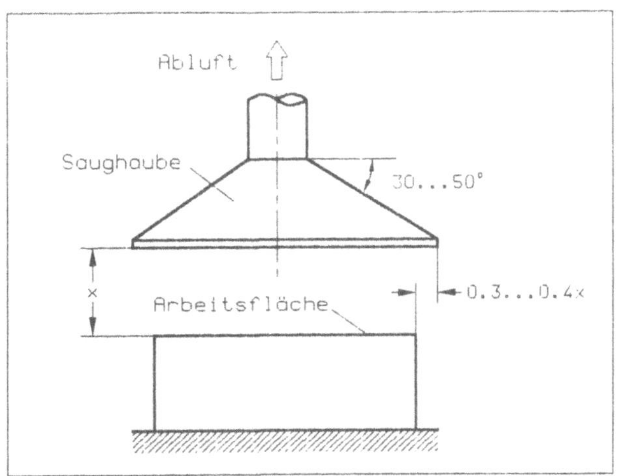

Bild 2.2:   Anordnung der Saughaube über der Arbeitsfläche /5/

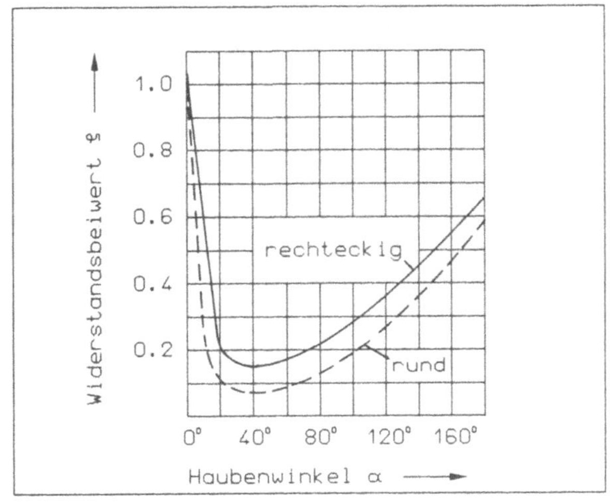

Bild 2.3:   Widerstandsbeiwert ζ bei Saughauben /1/

3   Wirbelbehaftete Strömungen

3.1   Der ebene Wirbel

Für ideale, reibungsfreie und inkompressible Flüssigkeiten wurden die grundlegenden Wirbelsätze von Helmholtz formuliert und in der Folge von W. Thomson (Lord Kelvin), Bjerknes, Crocco, Ertl, Oswatitsch und Vazsonyi /10/ verallgemeinert. Diese Wirbelsätze gelten strenggenommen nur für drehungsfreie Strömungen (Potentialströmungen), können näherungsweise aber auch auf die technisch wichtigen Medien Luft und Wasser angewandt werden, die absolut gemessen eine sehr geringe Zähigkeit und damit Reibung aufweisen /11/.

Eine exakte Lösung der Navier - Stokesschen Differentialgleichung für die zeitliche Entwicklung eines Wirbels in einem zähigkeitsbehafteten Fluid wurde von Hamel und Oseen /12, 13/ angegeben. Da dieser Lösung die physikalisch unmögliche Geschwindigkeitsverteilung des Potentialwirbels als Anfangsbedingung zugrundeliegt, entwickelten Betz /14/, Kaden /15/, Drescher /16/ erweiterte Wirbelmodelle (Kreiswirbel-, Flächenwirbelmodell), um insbesondere die Verhältnisse bei der Wirbelentstehung und sehr jungen Wirbeln besser zu erklären.

Aus experimentellen Untersuchungen /18/ ist bekannt, daß diese Modelle die wesentlichen Merkmale realer Wirbel qualitativ richtig beschreiben. Dazu gehören die zeitliche Abnahme des Geschwindigkeitsanstiegs im Wirbelzentrum und die Abnahme der maximalen Umfangsgeschwindigkeit, verbunden mit einer Vergrößerung des dazugehörigen Radius. Andererseits konnte eine quantitative Übereinstimmung zwischen Theorie und Experiment nur im Bereich laminarer Zähigkeit gefunden werden, d.h. die kinematische Zähigkeit ν, die gemäß dem Newtonschen Schubspannungsansatz die Eigenschaft eines Stoffbeiwertes besitzt, muß durch eine von der Turbulenz abhängige ´scheinbare Zähigkeit´ z.B. entsprechend der Prandtlschen Mischungsweghypothese:

$$\nu_t = l^2 \left| \frac{d\bar{v}}{dy} \right| \tag{3.1}$$

ergänzt werden. Eine allgemeine Theorie besteht hierüber aber zur Zeit noch nicht, da dieses Modell der Turbulenztheorie die scheinbare kinematische Zähigkeit in turbulenten Großstrukturen mit relativ langer Lebensdauer zu hoch ansetzt /18/.

Für die Lösung technischer Problemstellungen wurde eine Näherungs-
theorie /19/ entwickelt, die das Strömungsfeld in einen wirbelbehafte-
ten Kern und einen wirbelfreien Außenbereich einteilt, wobei die Ge-
schwindigkeits- und Wirbelverteilung innerhalb des Kerns durch Potenz-
ansätze des radialen, dimensionslosen Abstandes r/r_1 beschrieben
werden, während außerhalb des Wirbelkerns Potentialströmung an-
genommen wird. Der Kerndurchmesser im Anfangszustand $t = 0$ muß
dabei meßtechnisch, z.B. durch Messung des Radius r_m des Geschwindigkeitsmaximums, bestimmt werden. Nach /13/ besteht zwischen dem
Radius r_m und dem Kernradius r_1, d.h. dem Übergang von der Kern-
zur Potentialströmung, folgender Zusammenhang

$$\frac{r_m}{r_1} = 0{,}634 \qquad\qquad (3.2)$$

Bei Kenntnis der Geschwindigkeitsverteilung $v = v\,(r)$ kann die Druckverteilung im geraden Wirbel unter Annahme konstanter Dichte ρ aus

$$p\,(r) = p_\infty - \rho \int_r^\infty \frac{v^2}{r}\,dr \qquad\qquad (3.3)$$

ermittelt werden. Diese Beziehungen gelten für den Kern, das Über-
gangsgebiet und das äußere Feld.

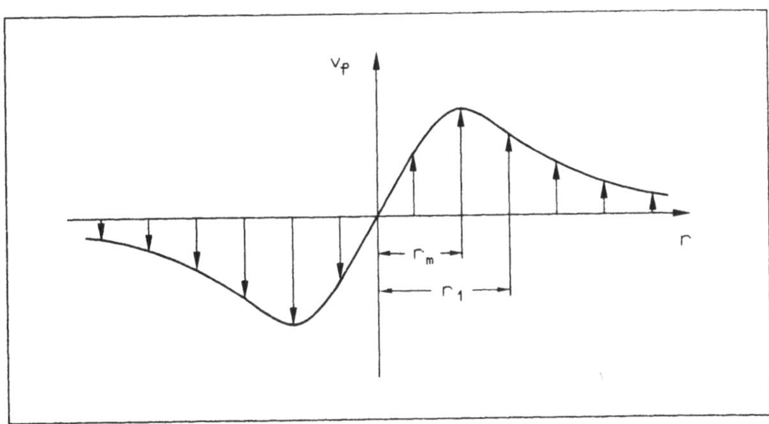

Bild 3.1:   Schematische Darstellung der Geschwindigkeitsverteilung in
             realen Wirbeln

3.2   Axialsymmetrische Wirbelströmungen

Der ebene Wirbel stellt einen Sonderfall des dreidimensionalen Wirbels dar. Durch Störungen oder gravitationsbedingte Auftriebskräfte aufgrund von Dichteunterschieden bzw. thermischer Konvektion wird in der Natur stets eine Dreidimensionalität erzeugt, die eine mathematische Behandlung des Problems erschwert. Neben Turbulenzwirbeln, wie sie z.B. durch Oberflächenreibung oder Mischungsvorgänge bei freien Grenzschichten entstehen, gibt es auch übergeordnete Strukturen in Form von Ringwirbeln, Flächenwirbeln und Spiralwirbeln, die untereinander vergleichbare Eigenschaften besitzen, obwohl sie sich hinsichtlich ihrer Entstehung, Größe und Zirkulation unterscheiden. Tornados gehören zur Kategorie der axialsymmetrischen Wirbelströmungen und werden durch ihr Höhen/Durchmesserverhältnis von annähernd 100 : 1 auch als Schlauchwirbel bezeichnet /18/. Sie stellen lokal begrenzte Phänomene dar, deren Entstehung und Verhalten zur Zeit nicht vorhersagbar ist. Zum besseren Verständnis zyklonaler Strömungen wurden deshalb vor allem in den USA seit Beginn der sechziger Jahre Laboruntersuchungen und später auch Computer-Simulationen durchgeführt. Diese Untersuchungen hatten das Ziel, die innere Dynamik von Tornados, d.h. Druck-, Geschwindigkeits- und Vorticityverteilung zu ermitteln.

3.2.1   Tornadosimulatoren

Experimentelle Untersuchungen an Wirbelströmungen mit Tornadostruktur im Labormaßstab erforderten die Entwicklung geeigneter Simulatoren. Wesentliche Voraussetzung war, daß diese Simulatoren eine geometrische und dynamische Ähnlichkeit zwischen Modell und Original gewährleisteten Eines der früheren Modelle, mit dem bereits viele, an natürlichen Tornados beobachtete Merkmale dargestellt werden konnten, war der Simulator von Ying und Chang /20/. Er bestand aus einem rotierenden zylindrischen Metalldrahtnetz, dessen Achse vertikal über einem ebenen Tisch angeordnet war. Den oberen Teil des Drahtzylinders schloß ein Saugrohr mit scheibenförmigem Flansch ab. Für die Zirkulation innerhalb des Zylinders sorgte das rotierende Drahtnetz, während die vertikale Strömungskomponente durch einen Abluftventilator erzeugt wurde.

Der wohl erfolgreichste Tornadosimulator wurde von Ward /21/ entwickelt. Nach Ansicht verschiedener Autoren /22, 23/ erlaubt er eine

wirklichkeitsnahe Simulation von Wirbelströmungen mit Tornadostruktur.
Der Simulator ist in die vier Bereiche unterteilt:

- Zuflußzone   (confluence region)
- Konvergenzzone (convergence region)
- Konvektionszone (convection region)
- Abflußzone   (collection area)

Ein rotierendes Drahtnetz, dessen wirksame Höhe durch eine vertikal
verstellbare Kreisscheibe verändert werden kann, erzeugt einen kon-
trollierten Drehimpuls, wobei der Zuflußwinkel Θ der zuströmenden Luft
hinter dem Drahtnetz durch eine Windfahne bestimmt wird. Die Konvektionszone wird durch einen Hohlzylinder begrenzt, der seinerseits
durch eine Ringscheibe mit festem inneren Durchmesser 2 r_o (Konvergenzradius) von der Zuflußzone getrennt ist. Aus der Konvektionszone
wird die Luft durch einen Ventilator abgesaugt, dem zur Entkopplung
vom Strömungsfeld ein Gleichrichter in Honycomb-Bauweise vorgeschaltet ist.

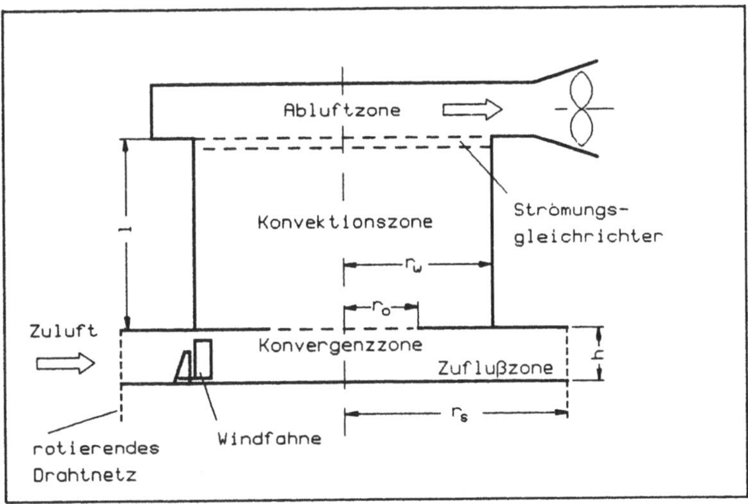

Bild 3.2:   Tornadosimulator nach Ward /21/

Im Ward-Simulator sind die geometrischen Abmessungen, mit Ausnahme der Höhe h der Zuflußzone, feste Größen. Das geometrische Verhältnis der Höhe h zum Konvergenzradius r_0 wird als Konfigurationsverhältnis a bezeichnet und stellt eine charakteristische Kenngröße des Simulators dar.

Der Purdue-Tornadosimulator stellt eine Weiterentwicklung des Ward-Simulators dar. Prinzipiell gleich aufgebaut, gestattet er aber dem Experimentator die unabhängige Variation des Konfigurationsverhältnisses a, der radialen Reynolds-Zahl Re_r und der Drallzahl S /23/. Das Konfigurationsverhältnis kann entweder durch eine Änderung der Höhe der Zuflußzone oder des Radius der Auftriebszone eingestellt werden. Die radiale Re-Zahl wird durch den Volumenstrom $\dot{V}$ innerhalb des Simulators bestimmt und kann über den Abluftventilator gesteuert werden. Die Drallzahl schließlich wird aus dem Verhältnis der Zirkulation, gemessen über den Zuflußwinkel Θ, und dem Volumenstrom am Ventilator bestimmt.

Die beschriebenen Tornadosimulatoren gestatten durch die Unterteilung des Strömungsfeldes in charakteristische Zonen zwar die Untersuchung bestimmender Einflußfaktoren auf die Gesamtströmung, behindern dadurch aber auch die freie Wechselwirkung mit der Umgebung. Darüberhinaus müssen Grenzschichteffekte, insbesondere im Bereich der Eckenströmung zwischen Konvergenz- und Auftriebszone und am Honycomb-Strömungsgleichrichter berücksichtigt werden, die in natürlichen Tornados nicht auftreten.

3.2.2   Geometrische und dynamische Ähnlichkeit

Bei experimentellen Untersuchungen an laminaren, inkompressiblen, achsensymmetrischen Wirbelströmungen hat Leewellen /24/ vier charakteristische Größen ermittelt, die für die Beschreibung der geometrischen und dynamischen Ähnlichkeit maßgebend sind:

- die Höhe h der Zuflußzone
- der Radius r_0 der Konvergenzzone
- die Zirkulation Γ
- der vertikale Volumenstrom $\dot{V}$ durch das Kontrollgebiet.

Diese Größen lassen sich in drei dimensionslosen Parametern zusammenfassen /23/.

Radiale Reynolds-Zahl	$Re_r = \dfrac{\dot{V}}{\nu h}$ (3.4)
Konfigurationsverhältnis	$a = \dfrac{h}{r_0}$ (3 5)
Drallzahl	$S = \dfrac{r_0\,\Gamma}{2\,\dot{V}}$ (3.6)

Tabelle 3.1: Kennzahlen der Tornadosimulatoren

Geometrisch ähnlich sind experimentelles und natürliches Strömungsfeld, wenn ihre relativen charakteristischen Abmessungen, beschrieben durch das Konfigurationsverhältnis a, gleich sind. Die dynamische Ähnlichkeit wird durch die Re-Zahl und speziell bei Schlauch- oder Spiralwirbeln durch die Drallzahl S ausgedrückt.

Als wesentliche Kenngröße zur Beschreibung der dynamischen Ähnlichkeit wird die Drallzahl angesehen, die physikalisch gesehen das Verhältnis der Tangentialgeschwindigkeit zur mittleren Vertikalgeschwindigkeit in der Konvergenzzone darstellt /22/.

Die Definition der Re-Zahl bereitet durch die Komplexität des Wirbelfeldes Schwierigkeiten. Meist wird sie mit einer charakteristischen Abmessung des Simulators gebildet und in Form einer radialen Re-Zahl angesetzt /22, 23, 25/. Ein Vergleich der Re-Zahlen atmosphärischer Schlauchwirbel mit den im Experiment erzielten, läßt eine Differenz von mehreren Größenordnungen erkennen. Die geschätzten bzw. berechneten Re-Zahlen von Tornados liegen zwischen $Re \approx 10^9 \ldots 10^{11}$, während die entsprechenden Werte für den Ward- bzw. Purdue-Tornadosimulator nur $Re \approx 4{,}1 \cdot 10^3 \ldots 1{,}2 \cdot 10^5$ betragen /22/. Die Re-Zahl spielt deshalb in der Literatur bei Ähnlichkeitsbetrachtungen nur eine untergeordnete Rolle, vorausgesetzt sie ist groß genug, um turbulenten Strömungszustand zu garantieren.

3.2.3   Numerische Simulationsverfahren

Computergestützte Simulationsverfahren wurden vorwiegend zur Überprüfung und Ergänzung der Ergebnisse der experimentellen Tornadosimulation eingesetzt. In Anlehnung an die Geometrie des Ward-Simulators wurden die numerischen Simulationsmodelle deshalb ebenfalls in Konvergenz-, Konvektions- und Divergenzzone unterteilt. Das Fehlen einer ausgeprägten Zuflußzone mit ihrem Einfluß auf die Entwicklung der Bodengrenzschicht stellt dabei einen gewissen Mangel dar und muß bei einem Vergleich mit den experimentellen Ergebnissen berücksichtigt werden /26/.

Die numerischen Simulationen wurden vorwiegend auf der Basis finiter Differenzenverfahren für achsensymmetrische (2 D) und inkompressible Modelle der Wirbelströmung durchgeführt. Harlow und Stein /27/ rechneten als Erste die Strömung in einem Tornadosimulator unter Zugrundelegung einer räumlich und zeitlich konstanten, von anderen Parametern unabhängigen Wirbelviskosität nach. Rotunno /25, 28/ untersuchte die Strömung in einem Tornadosimulator der Ward-Bauart mit einem physikalisch entfeinerten zweidimensionalen Modell ebenfalls unter Annahme konstanter Dichte und Wirbelviskosität. Der Schwerpunkt seiner früheren Arbeit /25/ lag vor allem auf der Nachrechnung und Interpretation der experimentellen Ergebnisse von /21, 23/ unter Benutzung verschiedener Randbedingungen (free slip, no slip) und Variation der Wirbelviskosität. Bei weiterführenden Untersuchungen wendete er ein verbessertes numerisches Modell an, bei dem neben einer Reduktion des Rechengitters zur Erhöhung der Auflösung auch erstmalig eine zero slip-Randbedingung (Wandhaftbedingung in der Grenzschichtströmung, d.h. $v_z - v_r - \Gamma - 0$) für den Boden zur Anwendung kam. Darüberhinaus untersuchte er mit einem dreidimensionalen numerischen Simulationsmodell speziell die Entwicklung von Mehrfachwirbeln in Tornadosimulatoren /29/. Wilson und Rotunno /30/ untersuchten die Grenzschicht einer laminaren Tornadoströmung unter Zugrundelegung der Geometrie des Purdue-Tornadosimulators. Das axialsymmetrische numerische Modell besaß ein variables Rechengitter, um die Auflösung innerhalb der Grenzschicht und im Bereich des Wirbelkerns zu erhöhen. Für die zufließende Strömung wurden aus experimentellen Labordaten ermittelte Randbedingungen für die Geschwindigkeitsverteilung (v_r, v_φ) der Grenzschichtströmung eingesetzt.

Smith /31/ ermittelte das Strömungsfeld im Tornadosimulator speziell für kleine Drallzahlen, wobei er die Transportgleichungen und Randbedingungen in einer zeitabhängigen Form der Geschwindigkeitskomponenten und des Druckes formulierte, um einen direkten Vergleich der numerischen Ergebnisse mit den Meßdaten der Tornadosimulatoren zu ermöglichen. In einer vergleichenden Untersuchung /32/ über die Auswirkung verschiedener Randbedingungen ermittelte er den Einfluß des Strömungsgleichrichters (Baffle) am Luftauslaß auf die Struktur des Wirbelfeldes.

In weiteren Arbeiten von Gall und Walko /33, 34, 35/ wurden für stationäre, axialsymmetrische und zweidimensionale Wirbelströmungen die Bedingungen untersucht, die zur Bildung unterschiedlicher Wirbelkernstrukturen und Mehrfachwirbelsystemen führen. Darüberhinaus entwickelten sie ein numerisches Simulationsmodell, um den Einfluß linearer Störungen mit kleiner Amplitude auf das Stabilitätsverhalten der Strömung zu ermitteln /36/.

3.2.4 Theoretische und experimentelle Ergebnisse der Tornadosimulation

In der folgenden Zusammenfassung werden die wesentlichen Ergebnisse der numerischen und experimentellen Tornadosimulation dargestellt.

3.2.4.1 Die Wirbelentstehung

Die Entstehung von Tornados ist in mancher Hinsicht ungeklärt, insbesondere auch die Frage, ob eine starke Zirkulation in Bodennähe oder im Meso-Bereich (Höhe ca. 5 km) für ihre Entwicklung verantwortlich ist /28/. Ward /21/, der den Einfluß des Konfigurationsverhältnisses a auf den Wirbelkernradius untersuchte, beobachtete eine Proportionalität zwischen Einströmwinkel Θ und Kernradius r_1, der in seinem Experiment über die Höhe h der Zuflußschicht gesteuert wurde. Er vermutete daher, daß eine hohe radiale Impulsstromdichte (ρv_r^2) innerhalb der Konvergenzzone ursächlich für die Entstehung intensiver atmosphärischer Wirbel sei. Davies-Jones /22/, der Wards experimentelle Ergebnisse einer Neuinterpretation unterzog, folgerte aber, daß nicht die radiale Impulsstromdichte, sondern eine hohe Volumenstromrate entscheidenden Einfluß auf die Wirbelentstehung hat. Er leitete dies aus

den Meßergebnissen ab, die darauf hinwiesen, daß der turbulente
Wirbelkernradius r_1 eine deutliche Abhängigkeit vom Konfigurationsverhältnis a und der Drallzahl S zeigt, sich aber insensitiv gegenüber Änderungen der Re-Zahl verhält. So führt auch eine Strömung mit niedrigem radialem Impuls innerhalb der Konvergenzzone zur Wirbelbildung,
vorausgesetzt, die Volumenstromrate $\dot{V}$ ist hoch.

In Anlehnung an das Wokinghammodell untersuchten Gillies et al. /37/
die Entstehung von Schlauchwirbeln durch die turbulente Mischung einer kalten Sinkströmung mit zwei warmen, horizontal ausgerichteten
Scherströmungen. Aus ihren Ergebnissen geht hervor, daß allein durch
die Scherströmung eine Tornadobildung erreicht werden kann, vorausgesetzt, der Scherwinkel beträgt mindestens 65°.

Howells und Smith /38/ überprüften mit einem numerischen Simulationsmodell die Entwicklung von Tornados aus einer Auftriebsströmung,
die durch ein rotierendes Strömungsfeld überlagert wurde. Analog zu
den Ergebnissen der Radar-Messungen bildete sich der Wirbel in mittlerer Höhe des Strömungsfeldes und breitete sich zum Boden fort-
schreitend aus. Die Wirbelstärke nahm nach Erreichen des Bodens zu
und es entwickelte sich ein stationärer Tornado ohne Rückströmung innerhalb des Wirbelkerns. Dieses Ergebnis wird auch durch Untersuchungen von Rotunno /28/ gestützt, der mit zunehmender Drallzahl eine
Abwärtswanderung der maximalen Tangentialgeschwindigkeit entlang
des Wirbelkerns feststellte und diesen Effekt auf den Einfluß der Bodengrenzschicht zurückführte.

3.2.4.2   Das Strömungsfeld

Das komplexe Strömungsfeld eines Tornados läßt sich in verschiedene
Bereiche untergliedern.

Die **Außenströmung** bildet das Gebiet außerhalb des konzentrierten
Wirbelkerns, in dem eine spiralförmige Strömung geringer Vorticity
existiert. Das Strömungsfeld wird im wesentlichen durch eine Auftriebsströmung bestimmt, deren Geschwindigkeit mit Annäherung an den
Wirbelkern zunimmt. Die radiale, zum Wirbelzentrum gerichtete Geschwindigkeitskomponente v_r ist in diesem Bereich klein und die tangentiale Komponente v_φ zeigt bis in die Nähe des Wirbelkerns eine
gute Übereinstimmung mit der theoretischen Geschwindigkeitsverteilung des Potentialwirbels /20/.

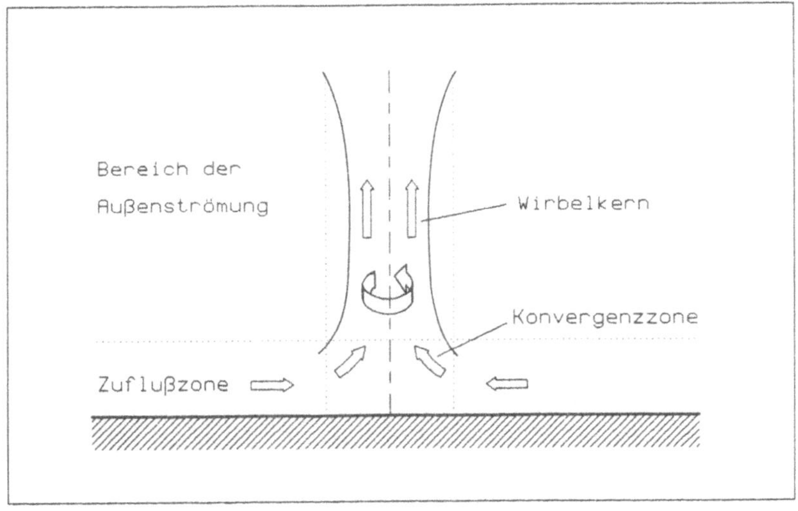

Bild 3.3: Schematische Darstellung der verschiedenen Bereiche im Strömungsfeld eines Tornados /39/

Die bodennahe **Zuflußschicht** besitzt einen ausgeprägten Grenzschichtcharakter, der in den vertikalen Profilen der Tangential- und Radialgeschwindigkeit zum Ausdruck kommt. Durch die Überlagerung beider Geschwindigkeitskomponenten bildet sich eine Ekmanschicht, die durch spiralförmig zum Wirbelzentrum verlaufende Vorticitylinien gekennzeichnet ist. Mit zunehmender Annäherung an den Wirbelkern wächst auch der Betrag beider Geschwindigkeitskomponenten, wobei die tangentiale Komponente das typische Profil einer Plattengrenzschicht annimmt /20/. Die radiale Komponente v_r weist dagegen eine Besonderheit auf. In großer Entfernung vom Wirbelzentrum einer Plattengrenzschicht ähnlich, entwickelt sich mit abnehmendem Radius dicht über dem Boden eine beschleunigende Unterschicht, die in Form einer Nase der Hauptströmung vorauseilt /20, 30/.

Die **Konvergenzzone** bildet den Übergang zwischen Zuflußzone und Wirbelkern. In diesem Gebiet erreicht die radiale Geschwindigkeitskomponente v_r in einer dünnen Schicht über dem Boden ihren höchsten Wert. Der hohe dynamische Druck ($\frac{1}{2} \rho v_r^2$) der zufließenden Strömung bewirkt im Fußpunkt des Wirbels eine Einschnürung (Konver-

genz) und vertikale Umlenkung der Strömung mit nachfolgendem Übergang in den Wirbelkern Der Übergang ist durch einen Staupunkt gekennzeichnet, dem sich stromabwärts eine Rückströmzone anschließt.
Die starke Konvergenz vor dem Staupunkt führt zu einem Druckanstieg,
der in Verbindung mit der rotationsbedingten Zentrifugalkraft eine Divergenz des Strömungsfeldes hervorruft, die erst durch das Erreichen
des zyklostrophischen Gleichgewichtszustandes beendet wird.

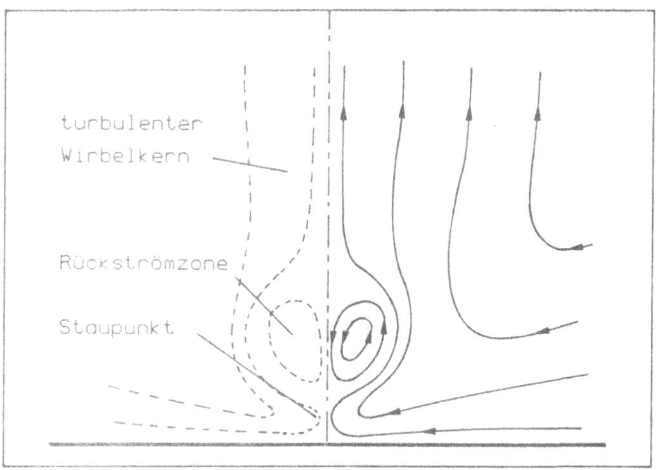

Bild 3.4.   Schematische Darstellung der Strömung innerhalb der
Konvergenzzone

Der zentrale **Wirbelkern** gleicht in seiner Struktur einem starren Wirbel
(Festkörperrotation) mit konstanter Winkelgeschwindigkeit und Vorticity
In diesem Bereich des Strömungsfeldes erreichen die Tangential- und
die Vertikalgeschwindigkeit ihren größten Wert; die tangentiale Komponente an der Grenze des Wirbelkerns, die vertikale Komponente im
Kernzentrum, wobei ihr Geschwindigkeitsprofil dem eines Freistrahls
ähnlich ist. Innerhalb des vollausgebildeten Wirbelkerns läßt sich keine
radiale Geschwindigkeitskomponente mehr nachweisen, so daß zwischen Wirbelkern und umgebendem Strömungsfeld eine scharfe Abgrenzung stattfindet.

Die Struktur des Wirbelkerns ist im wesentlichen von der Zirkulation abhängig. Unterhalb des als Wirbelaufplatzen /18/ (vortex breakdown) bezeichneten Rückströmgebietes existiert ein laminarer Schlauchwirbel, dessen Länge mit zunehmender Drallzahl kleiner wird. Oberhalb des Rückströmgebietes entwickelt sich ein turbulenter Kern mit stark vergrößertem Radius, dessen Anlaufstrecke bei wachsender Zirkulation durch Zentrifugalwellen überlagert werden kann /39/. Im Bereich höherer Drallzahlen entsteht im Zentrum des Kerns eine abwärts gerichtete Rückströmung, die unter Auflösung des Wirbelknotens bis in die Konvergenzzone vordringt und mit der umgebenden, ringförmig aufsteigenden Kernströmung eine doppelzellige Struktur bildet. Wird diese Strömung zusätzlich durch dreidimensionale Instabilitäten überlagert, können sich aus dem doppelzelligen Kern mehrere kleine, intensive Schlauchwirbel entwickeln, die unter dem Begriff 'Mehrfachwirbelphänomen' sowohl in der Natur als auch in experimentellen und numerischen Simulationen beobachtet und nachgewiesen werden konnten /21, 23, 29/. Eine zusammenfassende Beschreibung der verschiedenen Kernstrukturen wird in /39/ gegeben.

3.2.4.3   Die Druckverteilung im Wirbelfeld

Die Ergebnisse der numerischen und experimentellen Tornadosimulation weisen auf einen unmittelbaren Zusammenhang zwischen statischem Druck, Zirkulation und Volumenstrom und somit auf die Drallzahl als bestimmenden Parameter des Wirbelfeldes hin /33, 40/. Von einer zirkulationsfreien Strömung ausgehend fällt der Druck im Wirbelzentrum nahezu proportional zur Drallzahl und erreicht bei $S \approx 0{,}4$ einen minimalen Wert. In diesem Bereich kleiner Drallzahlen existiert ein einzelliger Wirbelkern, dessen axiales Geschwindigkeitsprofil dem eines Freistrahles entspricht. Mit zunehmender Drallzahl findet der Übergang von einer einzelligen zu einer doppelzelligen Wirbelkernstruktur statt, der durch einen Druckanstieg im Wirbelzentrum gekennzeichnet ist und bei $S \approx 1$ ein relatives Maximum erreicht. Bei vollausgebildeter, doppelzelliger Struktur ($S > 1$) führt eine weitere Steigerung der Drallzahl wieder zu einer Abnahme des statischen Druckes im Wirbelkern.

Wanddruckmessungen an der Grundplatte eines Tornadosimulators ergaben, daß das Druckprofil in einem einzelligen Wirbelkern weitgehend dem Rotationsparaboloid eines starren Wirbels entspricht. Bei doppelzelligem Wirbelkern wird dagegen durch die zentrale Rückströmung

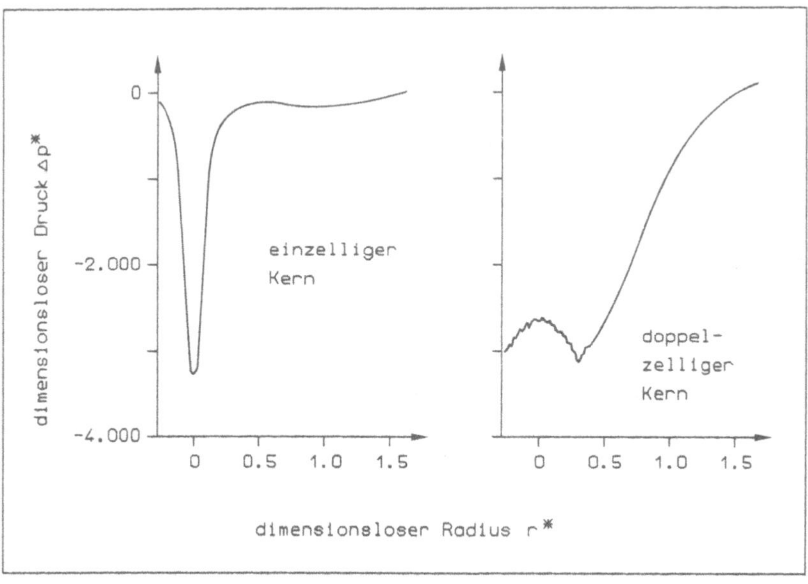

Bild 3.5:   Profil des statischen Druckes bei einzelliger und doppelzelliger Kernstruktur /39/

der statische Druck nahe der Wirbelachse erhöht, so daß der Bereich
des minimalen Druckes in einer ringförmigen Zone um das Wirbelzentrum liegt. Aus numerischen Untersuchungen geht hervor, daß die Zunahme des statischen Druckes auf die Verzögerung der zentral ab-
wärtsfließenden Strömung an der Grundplatte des Tornadosimulators
(Staupunkt) zurückzuführen ist /25/.

Ein weiteres charakteristisches Kennzeichen tornadoähnlicher Wirbelströmungen ist ein erhöhter statischer Druck innerhalb der Bodengrenzschicht, der in einem ringförmigen Bereich um den Wirbelkern
auftritt und mit wachsender Drallzahl in das äußere Strömungsfeld
wandert. Diese Druckerhöhung wird durch eine Grenzschichtablösung
innerhalb der radial beschleunigenden Strömung der Zuflußzone hervorgerufen /21, 39, 40/.

3.2.4.4 Einfluß der Reynold-Zahl

Die Reynolds-Zahl wird bei experimentellen Untersuchungen aus meß-
technischen Gründen meist in Form einer radialen Re-Zahl $Re_r = \dot{V}/\nu h$ angesetzt und mit dem Volumenstrom $\dot{V}_{ab}$ am Abluftventilator
und einer charakteristischen Abmessung des Simulators, z.B. der Höhe h
der Zuflußzone, gebildet /22, 39, 41/. Im Gegensatz zur Drallzahl ist der
Einfluß der Re-Zahl auf die Wirbelkonfiguration weniger augenfällig.
Experimentelle Untersuchungen ergaben keinen Zusammenhang zwischen Re-Zahl und Wirbelkerndurchmesser für $10^4 < Re_r < 10^6$, dem
typischen Bereich des Ward- und Purdue-Simulators /22, 23, 41/. Numerische Simulationen zeigten allerdings, daß unterhalb $Re_r \approx 10^3$ der
Kernradius proportional zur Re-Zahl wächst, darüberhinaus aber zuneh-
mend von dieser unabhängig wird /25/. Ein ähnliches Verhalten zeigt
die maximale Tangentialgeschwindigkeit an der Grenze des Wirbelkerns, die im Bereich $Re_r < 2,5 \cdot 10^6$ ebenfalls mit zunehmender
Re-Zahl wächst, für $Re_r > 3 \cdot 10^6$ aber nur noch eine schwache Abhängigkeit aufweist /41. 42/. Auch die kritische Drallzahl S_{kr}, die den
Übergang zwischen den verschiedenen Wirbelkonfigurationen, wie
laminar-turbulenter Wirbelkern (Wirbelaufplatzen) und Einfach-/Mehr-
fachwirbelsysteme kennzeichnet, nimmt mit wachsender Re-Zahl ab
und nähert sich oberhalb $Re > 3 \cdot 10^5$ asymptotisch einer unteren
Grenze /23/.

3.2.4.5 Einfluß der Drallzahl

Die Drallzahl $S = r_0 \, \Gamma / 2 \dot{V}$ ist die wesentliche Ähnlichkeitskennzahl für
das Strömungsfeld von Schlauchwirbeln /22/. Bei sehr kleinen Drallzahlen (0 < S < 0,1), bzw. Strömungen mit schwacher Rotation erfolgt die
Wirbelbildung im Tornadosimulator aus einer Potentialströmung (S = 0)
zuerst in mittlerer Höhe der Konvektionszone, wobei sich am Boden
eine ringförmige Rezirkulationszone um die Symmetrieachse bildet /21,
28/. Mit zunehmender Drallzahl entwickelt sich der zentrale Wirbelkern
abwärts in die Konvergenzzone.

Zwischen 0,1 < S < 0,5 entsteht ein einzelliger, laminarer Wirbelkern
über die gesamte Höhe des Tornadosimulators, der sich nur langsam
radial ausdehnt. Im oberen Bereich der Konvektionszone weitet sich
der Wirbelkern auf und wird turbulent. Dieser Vorgang ist mit einer
Verringerung der Vertikalgeschwindigkeit im Kernzentrum und der Bil-

dung eines Wirbelknotens (vortex breakdown) verbunden. Mit zunehmender Drallzahl wandert der Knoten abwärts in die Konvergenzzone, wobei erste Anzeichen einer Rückströmung im Nachlauf des Wirbelknotens auftreten.

Zwischen $0{,}5 < S < 1{,}0$ entwickelt sich eine doppelzellige Wirbelkernstruktur, die mit einer Vergrößerung des Kernradius verbunden ist. Im Nachlauf des Wirbelknotens erreicht die Rückströmung im Kernzentrum den Boden und geht in eine ringförmig den Kern umgebende Aufwärtsströmung über.

Für $S > 1{,}0$ expandiert der Wirbelkern weiter, wobei die Rückströmung den größten Teil des Wirbelkerns füllt, während die Aufwärtsströmung auf einen dünnen Ring um den Kern konzentriert ist.

Mit dem Vordringen der zentralen Rückströmzone zur Oberfläche entwickelt sich ein instabiler Zustand, der für $S > 0{,}4$ zur Bildung von Mehrfachwirbeln führen kann. Der Beginn der Entwicklung ist durch ein spiralförmiges Aufrollen (Helix) der Strömung im Nachlauf des Wirbelknotens gekennzeichnet, aus dem sich zwei oder mehrere kleine Einzelwirbel bilden können, die um eine gemeinsame zentrale Achse rotieren. Eine eingehende Beschreibung der verschiedenen Wirbelkonfigurationen in Abhängigkeit von der Drallzahl wird als Zusammenfassung der numerischen und experimentellen Ergebnisse der Tornadosimulation in /23, 39/ gegeben.

4 Konzept einer industriellen Saughaube mit Wirbelströmung

4.1 Anforderungen

Aufgrund des aufgezeigten Einsatzspektrums und der damit verbundenen Randbedingungen sind zur Erhöhung der Wirksamkeit von industriellen Saughauben (SH) mehrere wichtige Anforderungen zu erfüllen

- Verbesserter Zugang zum Arbeitsplatz
- verbesserter Schadstofftransport
- verringerter Luftdurchsatz
- Abkopplung der Abluft von der Raumluft.

Um den Zugang zum Arbeitsprozess zu erleichtern, muß der Freiraum zwischen SH und Arbeitsfläche vergrößert, der Randüberstand der Haube über der Arbeitsfläche aber verringert werden Diese Forderung setzt voraus, daß die wirksame Reichweite der Saugströmung durch geeignete strömungstechnische Maßnahmen wesentlich erhöht wird, so daß auch Schadstoffe, die im Randbereich der SH anfallen, sicher erfaßt und zur Saugöffnung transportiert werden.

Neben der aus arbeits- und sicherheitstechnischen Gründen erforderlichen Verbesserung der Saugwirkung stellt auch die Reduzierung der hohen Energiekosten, hervorgerufen durch den hohen Luftdurchsatz von Saughauben, eine wesentliche Anforderung dar. Dazu wäre es wünschenswert, in gewissen Grenzen thermisch nicht aufbereitete Frischluft (Zuluft) zum Schadstofftransport zu verwenden, damit die Abluft teilweise von der Raumluft abgekoppelt werden kann. Durch diese Maßnahme lassen sich auch Zugerscheinungen in der Nähe des Arbeitsplatzes vermeiden. Darüber hinaus sollte durch eine geeignete Zuluftführung eine Stabilisierung des Strömungsfeldes erzielt werden, so daß der Schadstoffaustritt infolge Raumluftstörungen reduziert wird.

Aus der betrieblichen Praxis ergeben sich zusätzliche Anforderungen. Der Öffnungswinkel der Haube und die Form des Lufteintritts in den Abluftkanal sollten so gewählt werden, daß der Strömungswiderstand gering wird und keine störende Geräuschentwicklung durch Turbulenz entsteht. Außerdem sollte die Saughaube einfach im Aufbau, korrosions- und temperaturbeständig sowie einfach zu reinigen sein.

4.2   Konzeption der Saughaube

Der Schadstofftransport in einer Saugströmung ist von der Eigengeschwindigkeit der Schadstoffe und der örtlichen Erfassungsgeschwindigkeit im Strömungsfeld abhängig. Bei gegebener Eigengeschwindigkeit der Schadstoffe kann eine Verbesserung des Schadstofftransportes deshalb nur durch eine Erhöhung der Erfassungsgeschwindigkeit erreicht werden. Bei konventionellen SH ist die örtliche Erfassungsgeschwindigkeit v_x nach Tab. 2.1 proportional zum Abluftvolumenstrom, d.h. eine Erhöhung der Erfassungsgeschwindigkeit ist mit einem höheren Luftdurchsatz verbunden. Der Ansatz zu einer Verbesserung des Schadstofftransportes muß deshalb darin liegen, Abluftvolumenstrom und örtliche Erfassungsgeschwindigkeit voneinander abzukoppeln. Dafür stehen zwei Maßnahmen zur Verfügung:

- Luftschleier zur Erhöhung der örtlichen Luftgeschwindigkeit und zur Kapselung der Schadstoffquelle,

- Überlagerung der Saugströmung mit einer Sekundärströmung, die insbesondere in Bereichen niedriger Luftgeschwindigkeiten zusätzlichen Impuls in das Strömungsfeld bringt.

Eine wesentliche Aufgabe der Sekundärströmung sollte es sein, die Schadstoffe aus der Randzone des Strömungsfeldes in die Nähe der Saugrohröffnung und somit in den Bereich hoher Erfassungsgeschwindigkeit zu transportieren. In der Natur sind solche konzentrierenden Strömungen in Form von Schlauchwirbeln als Windhosen und Tornados bekannt. Die technische Umsetzung und Realisierung einer solchen Strömung erfordert die Erzeugung und Aufrechterhaltung eines tangentialen Impulses im Strömungsfeld, der in Verbindung mit der Senkenströmung der SH zur Entwicklung eines tornadoähnlichen Wirbelfeldes führt.

Die unter 4.1 aufgestellten Anforderungen schränken die technischen Möglichkeiten ein, die zur Erzeugung des Wirbelfeldes zur Verfügung stehen. Vor allem die Forderung nach freier Zugänglichkeit zum Arbeitsplatz schließt ein, daß die Wirbelströmung an der SH selbst entstehen muß und dort auch aufrechterhalten wird.

Der erforderliche tangentiale Impuls läßt sich sowohl mechanisch, z. B. über rotierende Widerstandskörper, als auch auf rein strömungstechnischem Weg durch tangentiales Einblasen von Zuluft in das Strömungsfeld einbringen. Die mechanische Lösung erfordert allerdings einen hohen Fertigungsaufwand und ist, da nicht wartungsfrei, für die betriebliche Praxis weniger geeignet. Für die strömungstechnische Erzeugung der Tangentialströmung stehen verschiedene Möglichkeiten zur Verfügung. Weniger geeignet sind Zuluftauslässe oder Düsen, die getrennt von der SH im Bereich des äußeren Strömungsfeldes angeordnet sind. Einrichtungen dieser Art behindern den freien Zugang zur Arbeitsfläche, beeinträchtigen die Ausbildung eines ausgeprägten, zentralen Wirbelkerns, der zur Konzentration der Schadstoffe erforderlich ist und erzeugen zusätzliche Turbulenz im Strömungsfeld. Wird der tangentiale Impuls dagegen unmittelbar an der SH in das Strömungsfeld eingebracht, lassen sich die oben genannten Nachteile vermeiden. Dazu ist es erforderlich, die Saugströmung der SH durch einen drallbehafteten Ringstrahl geringer Turbulenz zu überlagern. Bei diesem Verfahren ist auf eine äußerst gleichmäßige Verteilung des Zuluftvolumenstroms und der Austrittsgeschwindigkeit über den Umfang des Luftauslasses zu achten. Bild 4.1 zeigt eine prinzipielle Darstellung der Luftführung und des Strömungsfeldes.

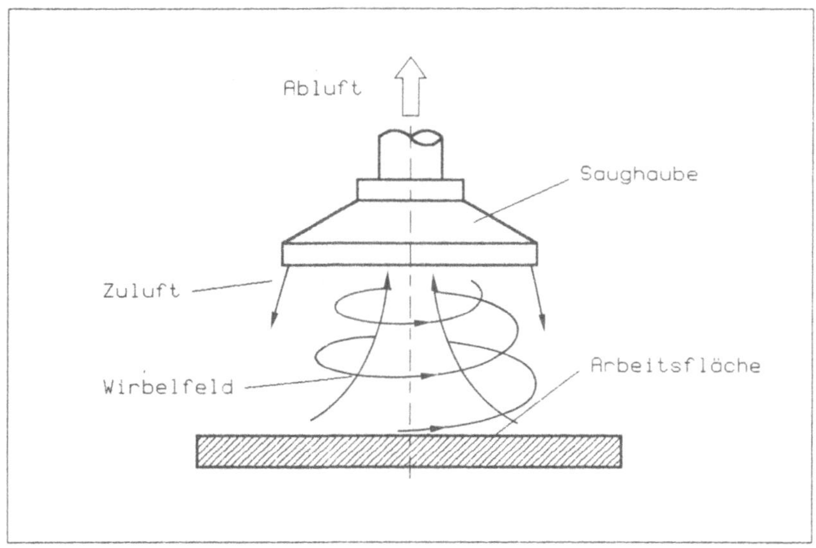

Bild 4.1: Saughaube mit schematischer Darstellung des Strömungsfeldes

5 Numerische Simulation des Strömungsfeldes

Die experimentelle Entwicklung und Untersuchung einer Saughaube mit
Wirbelströmung ist durch die große Zahl der freien geometrischen und
stromungstechnischen Parameter mit hohem Aufwand verbunden. Allein die Ermittlung und Abstimmung der wesentlichen Einflußgrößen
auf das Strömungsfeld erfordert laufend konfigurationelle Änderungen
am Versuchsmodell, deren Auswirkungen auf die Strömung wiederum
durch Messungen untersucht werden müssen.

Mit der computergestützten numerischen Simulation steht in der Strö-
mungstechnik eine wirksame und kostengünstige Alternative zur Reduzierung der experimentellen Arbeiten zur Verfügung. Dieses Verfahren
ermöglicht es, durch gezielte Variation der geometrischen und fluid-
dynamischen Größen die physikalischen Zusammenhänge im Strömungsfeld zu untersuchen und eine den experimentellen Anforderungen entsprechende Auslegung der Versuchsmodelle durchzuführen.

Für die im folgenden beschriebenen numerischen Untersuchungen
wurde die in Kap. 4 skizzierte Konfiguration einer SH mit Wirbelströmung
zugrundegelegt.

5.1 Mathematisch-physikalisches Modell

Zur Berechnung des Strömungsfeldes einer runden Saughaube mit
Drallströmung müssen die Transportgleichungen in Form nichtlinearer,
partieller, gekoppelter Differentialgleichungen numerisch gelöst werden. Mit den vereinfachenden Annahmen, daß die wirkliche Strömung
durch eine zweidimensionale, axialsymmetrische und inkompressible,
stationäre Strömung dargestellt werden kann, wurde das Computerprogramm TEACH zur Berechnung zweidimensionaler Strömungen mit
Grenzschichtcharakter verwendet.

Die Strömung ist durch die Bilanzgleichungen der Masse, des Impulses
und der Energie beschrieben, die im zylindrischen Koordinatensystem

mit den genannten Einschränkungen die folgende Form haben:

$$S_\Phi = \frac{1}{r}\frac{\partial}{\partial r}\left[r\left(\rho v_r \Phi - \Gamma_\Phi \frac{\partial \Phi}{\partial r}\right)\right] + \frac{\partial}{\partial z}\left(\rho v_z \Phi - \Gamma_\Phi \frac{\partial \Phi}{\partial z}\right) \tag{5.1}$$

Dieses elliptische Randwertproblem kann nur durch ein Iterationsverfahren gelöst werden, indem von einer geschätzten Lösung ausgegangen wird, die den stationären Randbedingungen genügt. Die Massen- und Impulsgleichungen sind durch (5.1) beschrieben. Darin stellen Φ eine allgemeine, unabhängige Variable, S_Φ die Quelldichte und Γ_Φ den Diffusionskoeffizienten dar /44/.

Mit $\Phi \equiv 1$, $S_\Phi \equiv 0$ und $\Gamma_\Phi \equiv 0$ reduziert sich (5.1) auf die

Kontinuitätsgleichung

$$\frac{\partial}{\partial z}\left(\rho v_z\right) + \frac{1}{r}\frac{\partial}{\partial r}\left(\rho r v_r\right) = 0 \tag{5.2}$$

unter Beachtung der Rotationssymmetrie, d.h. $\partial/\partial\varphi = 0$ gilt für die Impulsgleichungen:

Axiale Impulsgleichung

mit $\Phi = v_z$, $\Gamma_\Phi = \mu$

$$S_\Phi = -\frac{\partial p}{\partial z} + \frac{\partial}{\partial z}\left(\mu \frac{\partial v_z}{\partial z}\right) + \frac{1}{r}\frac{\partial}{\partial r}\left(r\mu \frac{\partial v_r}{\partial z}\right) \tag{5.3}$$

Radiale Impulsgleichung

mit $\Phi = v_r$, $\Gamma_\Phi = \mu$

$$S_\Phi = -\frac{\partial p}{\partial r} + \rho \frac{v_\varphi^2}{r} - \frac{2\mu v_r}{r^2} + \frac{\partial}{\partial z}\left(\mu \frac{\partial v_z}{\partial r}\right) + \frac{1}{r}\frac{\partial}{\partial r}\left(r\mu \frac{\partial v_r}{\partial r}\right) \tag{5.4}$$

Rotationsimpulsgleichung

mit $\Phi = v_\varphi$, $\Gamma_\Phi = \mu$

$$S_\Phi = -\frac{\rho v_r v_\varphi}{r} - \frac{1}{r} v_\varphi \frac{\partial \mu}{\partial r} - \mu \frac{v_\varphi}{r^2} \tag{5.5}$$

Für die turbulente Strömung stellen die Geschwindigkeiten v_z, v_r und v_φ sowie der Druck p in den Gleichungen (5.1 bis 5.5) die zeitlich gemittelten Werte dar. Sie können durch Integration über ein Zeitintervall ermittelt werden, das groß gegenüber dem Reziprokwert der turbulenten Fluktuationsfrequenzen ist.

Im Gegensatz zur laminaren Strömung müssen bei turbulenten Strömungen die durch die turbulenten Geschwindigkeitsschwankungen bewirkten Anteile am Impulstransport berücksichtigt werden. Dies wird durch die effektive Zähigkeit:

$$\mu_{eff} = \mu + \mu_t \tag{5.6}$$

ausgedrückt, die aus der Summe der laminaren Zähigkeit μ und der Wirbelviskosität μ_t gebildet wird /45/. Die Wirbelviskosität ist in die zeitlich gemittelten Bewegungsgleichungen durch die Analogie zwischen den viskosen und den turbulenten Spannungen (Reynolds-Spannungen) eingeführt. Zur Berechnung der turbulenten Zähigkeit wurde das k, ε-Turbulenzmodell /44, 45/ verwendet, das die Wirbelviskosität als Funktion der kinetischen Energie der Turbulenz k und der Dissipationsrate ε der turbulenten Energie definiert,

$$\mu_t = C_\mu \rho \frac{k^2}{\varepsilon} \tag{5.7}$$

wobei der Proportionalitätsfaktor C_μ eine empirische Konstante darstellt. Zur Berechnung der Wirbelviskosität müssen k und ε über das gesamte Strömungsgebiet bekannt sein. Die k und ε Verteilung wird dabei mit Hilfe von Transportgleichungen dieser Turbulenzgrößen bestimmt Diese Gleichungen, die auf den Impulsgleichungen und Modellannahmen über die Turbulenz beruhen, können auch durch die allgemeine Transportgleichung (5.1) beschrieben werden.

k - Gleichung

mit $\Phi = k$, $\Gamma_\Phi = \mu + \mu_t / \sigma_k$, $S_\Phi = G_k - \rho\varepsilon$

$$G_k = \mu_t \left[2\left\{ \left(\frac{\partial v_z}{\partial z}\right)^2 + \left(\frac{\partial v_r}{\partial r}\right)^2 + \left(\frac{v_r}{r}\right)^2 \right\} + \left(\frac{\partial v_z}{\partial r} + \frac{\partial v_r}{\partial z}\right)^2 + \left(\frac{\partial v_\varphi}{\partial z}\right)^2 + \left(r\frac{\partial}{\partial r}\left(\frac{v_\varphi}{r}\right)\right)^2 \right] \quad (5.8)$$

Der Erzeugungsterm G_k stellt die Produktion von k und die Wechselwirkung der turbulenten Spannungen mit der gemittelten Strömungsgeschwindigkeit dar.

ε - Gleichung

mit $\Phi = \varepsilon$, $\Gamma_\Phi = \mu + \mu_t / \sigma_\varepsilon$

$$S_\Phi = \frac{\varepsilon}{k}\left(C_1 G_k - C_2 \rho\varepsilon\right) \quad (5.9)$$

wobei σ_k und σ_ε (Prandtl-Schmidt-Zahlen für k und ε), sowie C_1 und C_2 empirische Konstanten sind, die durch vielfache Testberechnungen turbulenter Strömungen ermittelt wurden /44/.

Mit dem k, ε -Turbulenzmodell stehen somit sechs gekoppelte, partielle Differentialgleichungen (5.2 bis 5.5 und 5.8 bis 5.9) zur Bestimmung der sechs Unbekannten v_z, v_r, v_φ, p, k und ε zur Verfügung.

5.2 Das Berechnungsverfahren

Mit dem Computerprogramm TEACH wurden die im vorhergehenden Abschnitt angegebenen Differentialgleichungen mittels eines Finit-differenzen-Verfahrens gelöst /46/. Die partiellen Differentialgleichungen werden dabei durch Integration über Kontrollvolumina, die die Gitterpunkte einrahmen, diskretisiert.

Bei diesem Verfahren wird das Lösungsgebiet mit einem ebenen Differenzengitter überdeckt, das sich orthogonal schneidende Linien in beiden Koordinatenrichtungen enthält. Die Schnittpunkte der Gitterlinien (Gitterpunkte) dienen zur Identifizierung der verschiedenen Variablen.

Die Abstände zwischen den einzelnen Gitterlinien können so gewählt werden, daß ihre Dichte in Gebieten mit großen Änderungen der Strömungsgrößen zunimmt. Durch die Wahl des Gitters werden Genauigkeit, Stabilität und Wirtschaftlichkeit der Lösung beeinflußt. An den Schnittstellen der Gitterlinien (Hauptgitterpunkte) werden die Variablen p, v_φ, k und ε und in der Mitte zwischen den Hauptgitterpunkten die Geschwindigkeitskomponenten v_z und v_r gespeichert. Dieses gestaffelte Gitter bietet den Vorteil, daß die Geschwindigkeiten v_z und v_r gerade an den Stellen vorhanden sind, an denen sie zur Berechnung der Massenbilanz über das Hauptkontrollvolumen und der Konvektionsterme einer Variablen benötigt werden, während die Speicherung des Druckes in den Hauptgitterpunkten die Berechnung des Druckgradienten vereinfacht.

Den Stützstellen der verschiedenen Variablen sind Kontrollvolumina zugeordnet, über die die partiellen Differentialgleichungen integriert werden, um algebraische Differenzengleichungen zu erhalten, die die Werte der Unbekannten an den Gitterpunkten verknüpfen. Durch Lösen der Differenzengleichungen erhält man die gewünschten Verteilungen der Unbekannten (v_z, v_r, v_φ, p, k und ε) im Lösungsfeld. Da im Strömungsfeld eine Rezirkulationszone besteht, müssen die Gleichungen iterativ bis zur Konvergenz gelöst werden.

Zur Lösung der axialen und radialen Impulsgleichungen (5.3 und 5.4) ist es erforderlich, die Druckverteilung mit Hilfe der Kontinuitätsgleichung (5.2) zu berechnen. Die Impulsgleichungen werden dabei mit einem angenommenen Druckfeld gelöst. Da die berechneten Geschwindigkeiten zunächst der Kontinuitätsgleichung nicht genügen, werden sie durch eine Druckkorrekturgleichung so korrigiert, daß die lokale Kontinuität erfüllt wird. Die Variablen werden dabei unterrelaxiert, um konvergente Lösungen zu erhalten. Dieses Verfahren führt nach jeder Iteration zu einer Verbesserung der berechneten Druckverteilung im Lösungsgebiet /47/.

Durch die Koppelung der Gleichungen für v_r, v_φ und k ist eine weitere Unterrelaxation erforderlich. Die Tangentialgeschwindigkeiten v_φ können im Strömungsfeld größere Werte als die axialen oder radialen Geschwindigkeiten v_z und v_r annehmen, so daß große Quellterme entstehen, die langsam in die Lösung eingeführt werden müssen, um Konvergenz zu gewährleisten. Mit dem Anfangswert $v_\varphi = 0$ wurden deshalb die Quellterme im Verlauf von etwa 1000 Iterationen schrittweise in die Lösung einbezogen. Die Einführungsrate der v_φ - Quellterme in die Gleichungen (5.4 und 5.6) ist dabei problemabhängig und muß dem Konvergenzverhalten der Lösung angepaßt werden

5.3 Das Simulationsmodell

5.3.1 Form und Abmessungen

Für die computergestützte Simulation des Strömungsfeldes wurde das in Kap. 3.2 beschriebene Modell einer Saughaube mit Wirbelströmung zugrunde gelegt, bei der alle Strömungsparameter unmittelbar an der SH selbst kontrolliert werden können. Da die Gitterlinien im Rechenverfahren nahezu orthogonal sein müssen, wurden alle geometrischen Berandungen so gewählt, daß sie ausschließlich in Richtung der Koordinatenachsen verlaufen. Neben der Form und den Abmessungen des simulierten Modells hat vor allem die Einführung der Drallkomponente in das Strömungsfeld einen großen Einfluß auf die Wirbelstruktur. Um numerische Instabilitäten durch hohe Geschwindigkeitsgradienten im Bereich des Luftschleiers zu vermeiden, wurde der tangentiale Impuls über eine rotierende Scheibe in das Strömungsfeld eingebracht. Diese Lösung hat auch den Vorteil, daß der im Rahmen von Voruntersuchungen entwickelte, mechanisch arbeitende Wirbelgenerator in seiner Funktionsweise dargestellt werden kann. Nachteilig wirkt sich dagegen aus, daß durch die Kopplung von rotierender Scheibe und Tangentialkomponente im oberen Bereich des Strömungsfeldes ein starrer Wirbel erzeugt wird, dessen Radius durch die Scheibe vorgegeben ist.

Das Simulationsmodell besteht aus einer zylindrischen Haube mit der Höhe H_1 und dem Durchmesser D_1, die sich lotrecht im Abstand H_0 über einer ebenen Fläche befindet. Im Zentrum der Haube ist ein Saugrohr mit der Höhe H_2 und dem Durchmesser D_2 angeordnet, das von einer rotierenden Scheibe mit dem Außendurchmesser D_3 umgeben ist. Durch den Ringspalt BC zwischen Haube und Scheibe tritt ein Luftstrom mit axialer und tangentialer Geschwindigkeitskomponente v_z, v_φ in das Kontrollgebiet ein. Die Axialgeschwindigkeit v_z wird bei vorgegebenen Abmessungen durch den Volumenstrom $\dot{V}_{zu}$ kontrolliert, während die Tangentialkomponente an die Umfangsgeschwindigkeit v_s der rotierenden Scheibe gekoppelt ist. Als zusätzliche Option läßt sich die Scheibe fixieren ($v_s = 0$), so daß die Tangentialgeschwindigkeit im Ringspalt BC an der Stelle C frei wählbar ist. Der durch das Saugrohr austretende Volumenstrom $\dot{V}_{ab}$ kann frei vorgegeben werden und bestimmt somit über die Kontinuitätsbeziehung den über die freie Grenzschicht AA_1 eintretenden Volumenstrom $\dot{V}_{in}$.

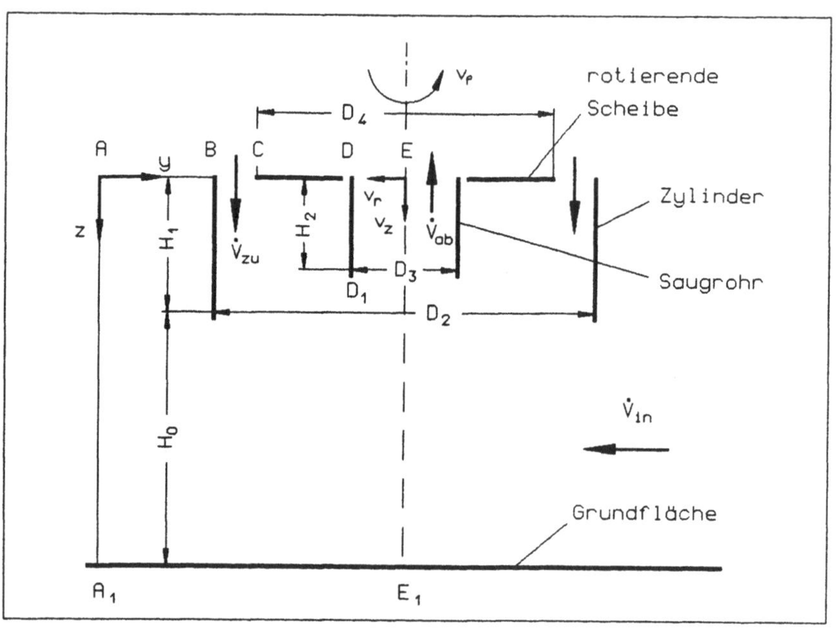

Bild 5.1: Form und Abmessungen des Simulationsmodells

5.3.2 Anfangs- und Randbedingungen

Das Strömungsgebiet, in dem die Differentialgleichungen gelöst werden müssen, ist in Bild 5.2 mit AA_1E_1E gekennzeichnet. EE_1 ist die Symmetrielinie, an der die radialen Gradienten aller Variablen, außer v_φ gleich Null gesetzt werden, d.h. $\partial\Phi/\partial r = 0$ entlang EE_1. Für die Randbedingung für v_φ entlang EE_1 gilt $\partial r\, v_\varphi/\partial r = 0$.

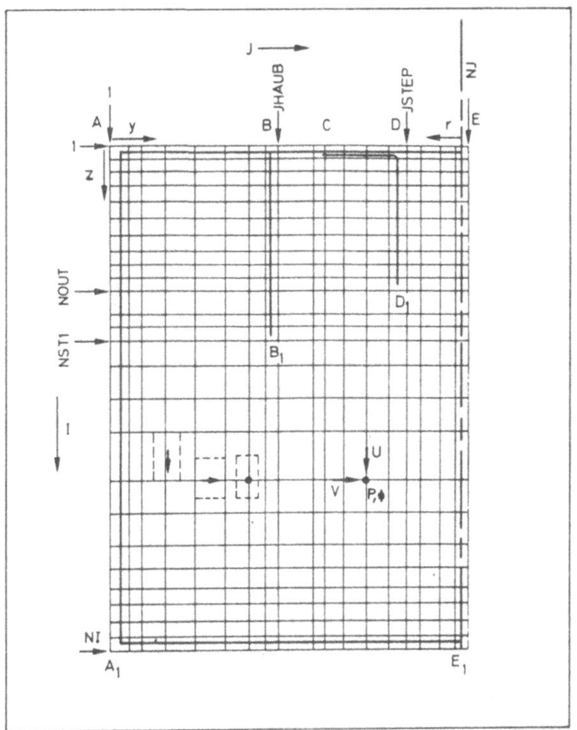

Bild 5.2:   Schematische Darstellung des Rechengitters mit
              Kontrollvariablen und Grenzen. (Bezeichnungen
              der Kontrollvariablen siehe Nomenklatur)

Die Grenzen AA_1 und AE sind mit Ausnahme der Scheibe CD Freigren-
zen und unterliegen verschiedenen Bedingungen:

Entlang AA_1: $v_z = 0$, $\partial v_r / \partial r = 0$, $k = \varepsilon = 0$

Entlang AB: $\partial v_z / \partial z = 0$, $v_r = 0$, $k = \varepsilon = 0$

Die Begrenzung AA_1 ist so weit von der Hauptströmung entfernt, daß
die gewählten Randbedingungen sinnvoll sind.

Dagegen ist BC die Zulaufgrenze, so daß hier die Geschwindigkeiten
sowie k und ε vorgegeben werden müssen.

Entlang BC: $v_r = 0$, v_z wird aus $\dot{V}_{zu}$ berechnet,

so daß $\int\limits_{BC} v_z \, r \, dr = \dot{V}_{zu}$ ist.

v_φ mit $v_\varphi\big|_B = 0$ und $v_\varphi\big|_C = \omega r_c$

und entsprechenden Annahmen über

die Einlaufprofile von k und ε.

Die Strecke DE ist die Auslaufgrenze und kann somit die Strömung innerhalb des Strömungsfeldes nicht wesentlich beeinflussen.

Entlang DE: $v_r = 0$, $v_\varphi = 0$, $\partial \Phi / \partial z = 0$ für k, ε und v_z,

wobei $\int v_z \, dr$ entlang DE dem gewählten

Wert $\dot{V}_{ab}$ entspricht.

A_1E_1 und CD bilden die Wandgrenzen, wobei zwischen CD durch die Rotation der Scheibe eine Tangentialkomponente zu berücksichtigen ist:

Entlang A_1E_1: $v_z = 0$, $v_r = 0$, $v_\varphi = 0$

Entlang CD: $v_z = 0$, $v_r = 0$, $v_\varphi = \omega r$

Die Werte von k und ε werden durch Wandfunktionen ermittelt, die auf dem Gleichgewicht der Turbulenz an der Wand beruhen /45/. Mit diesen Wandfunktionen wird k und ε in Wandnähe und nicht an der Wand selbst berechnet, da diese Werte dort Null sind. Für die Wände BB_1 und DD_1 innerhalb des Strömungsfeldes gelten die Wandhaftbedingungen entsprechend A_1E_1.

5.4   Computergestützte Simulation

5.4.1   Variation der Parameter

Mit dem Computerprogramm TEACH konnte der Einfluß von insgesamt 9 voneinander unabhängigen geometrischen und strömungsmechanischen Parametern auf das Strömungsfeld untersucht werden. Da die vollständige Variation dieser Größen einen erheblichen Rechenaufwand erfordert, wurden in einer ersten Optimierungsphase die strömungsmechanischen Parameter konstant gehalten und nur die Form der Saughaube verändert. Durch diese Vorgehensweise konnte die Geometrie des Rechenmodells soweit optimiert werden, daß weitere Änderungen nur noch geringen Einfluß auf das Strömungsfeld hatten. Als variable Größen blieben somit der Saug- und Zuluftvolumenstrom sowie die Drehzahl der rotierenden Scheibe, mit der die Tangentialkomponente des Geschwindigkeitsfeldes erzeugt wird. Die geometrischen und strömungsmechanischen Parameter des Rechenmodells sind in Tabelle 5.1 angegeben.

Höhe der Haube über der Grundfläche	H_0 [mm]	500
Zylinderlänge	H_1 [mm]	50 . . . 150
Saugrohrlänge	H_2 [mm]	0 . . . 150
Zylinderdurchmesser	D_1 [mm]	500
Saugrohrdurchmesser	D_2 [mm]	100
Scheibendurchmesser	D_3 [mm]	480
Zuluftvolumenstrom	$\dot{V}_{zu}$ [m³/h]	60 . . . 200
Abluftvolumenstrom	$\dot{V}_{ab}$ [m³/h]	100 . . . 200
Drehzahl der Scheibe	n [U/min]	60 . . .1800

Tabelle 5.1: Form- und Strömungsparameter des Simulationsmodells

5.4.2 Das Strömungsfeld

Die ersten Berechnungen zeigten, daß die Geschwindigkeiten außerhalb der Saughaube sehr klein sind und nur geringen Einfluß auf das Strömungsfeld haben. Dies kommt dadurch zustande, daß die freie

Grenze entlang AA_1 sehr viel größer als die Querschnittsfläche des Ringspaltes oder des Saugrohrs ist. Außerdem führten die Randbedingungen der freien Grenzen entlang AB und AA_1 zu empfindlicher Stabilität der Lösung und damit zu unwirtschaftlichen Berechnungen. Aus diesem Grunde wurde die äußerste Grenze des Rechengebietes an der Haube angesetzt, d.h. AA_1 fällt mit der Berandung der Haube zusammen.

Die folgenden Bilder zeigen Geschwindigkeitsfelder verschiedener Konfigurationen in vektorieller Darstellung. Das Geschwindigkeitsfeld in Bild 5.3 wurde mit der Scheibendrehzahl n - 0 (S - 0) berechnet. Für diesen Sonderfall der Drallfreiheit im Strömungsgebiet löst sich die durch den Ringspalt zwischen Scheibe und Haube in das Kontrollgebiet eintretende Luft am Ende der Haube ab und strömt unmittelbar zum Saugrohr. Die zugeführte Luft erreicht nicht die Arbeitsfläche und induziert dort auch keine merkliche Strömung. Ein Schadstofftransport kann also nur im Nahbereich des Saugrohrs erfolgen

Das Simulationsergebnis zeigt, daß bei drallfreier Strömung die Austrittsgeschwindigkeit und der Zuluftvolumenstrom wesentlich vergrößert werden müssen, um ein Vordringen des Luftschleiers bis zur Arbeitsfläche und eine wirksame Abschirmung des Raumes unterhalb der SH zu ermöglichen. Da sich der Zuluftvolumenstrom mit zunehmender Reichweite des Luftschleiers durch die Induktion an der freien Strahlgrenze vergrößert, muß auch der Abluftvolumenstrom erhöht werden, um ein Austreten von Schadstoffen aus dem Kontrollraum zu verhindern. Eine solche Maßnahme widerspricht aber der Zielsetzung dieser Arbeit.

Bild 5.4 zeigt das Geschwindigkeitsfeld unter der Saughaube bei einer Scheibendrehzahl von n - 400 U/min. Bei gleichen geometrischen und strömungstechnischen Verhältnissen wie in Bild 5.3 wird dem Strömungsfeld durch die Rotation der Scheibe zusätzlich eine tangentiale Geschwindigkeitskomponente überlagert. Allein diese Maßnahme ist ausreichend, um die über den Ringspalt eintretende Zuluft bis zur Arbeitsfläche vordringen zu lassen. Unterhalb der SH entwickelt sich eine um die vertikale Symmetrieachse rotierende Luftsäule, die durch einen Ringwirbel überlagert wird. Dieser Ringwirbel entsteht durch das Zusammenwirken der abwärts gerichteten Strömung im Bereich der freien Grenze und der zum Saugrohr gerichteten Strömung im Zentrum des Wirbelfeldes.

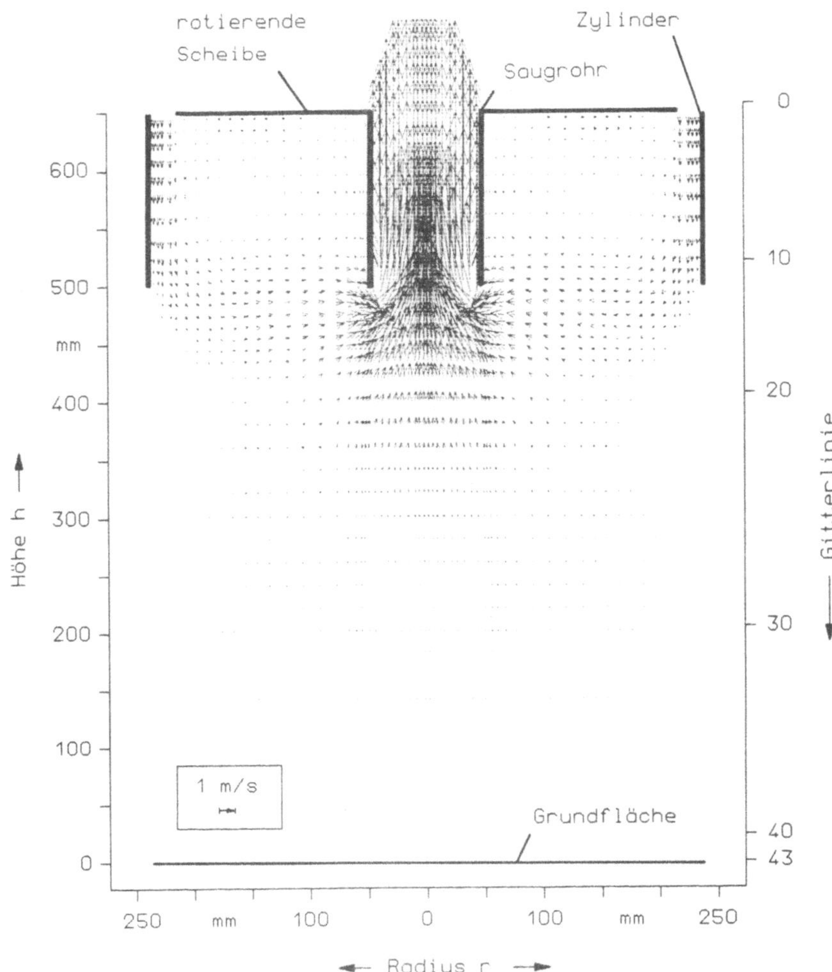

Bild 5.3: Geschwindigkeitsfeld für $n = 0$, $S = 0$, $Re_r = 7,4 \cdot 10^3$, $\dot{V}_{zu} = 70 \ m^3/h$, $\dot{V}_{ab} = 140 \ m^3/h$

Bei dem vorgegebenen Volumenstromverhältnis $\dot{V}_{ab} / \dot{V}_{zu} = 2$ ist die radiale Geschwindigkeitskomponente v_r im gesamten Bereich der freien Grenze zur Symmetrielinie gerichtet. Die größten Geschwindigkeitsbeträge von v_r treten unmittelbar über der Arbeitsfläche auf, wo die von außen zufließende Luft über die dünne Grenzschicht bis zum Wirbelzentrum vorstößt. Durch den hohen radialen Impuls der zufließenden Luft bildet sich auf der Wirbelachse dicht über der Arbeitsfläche ein

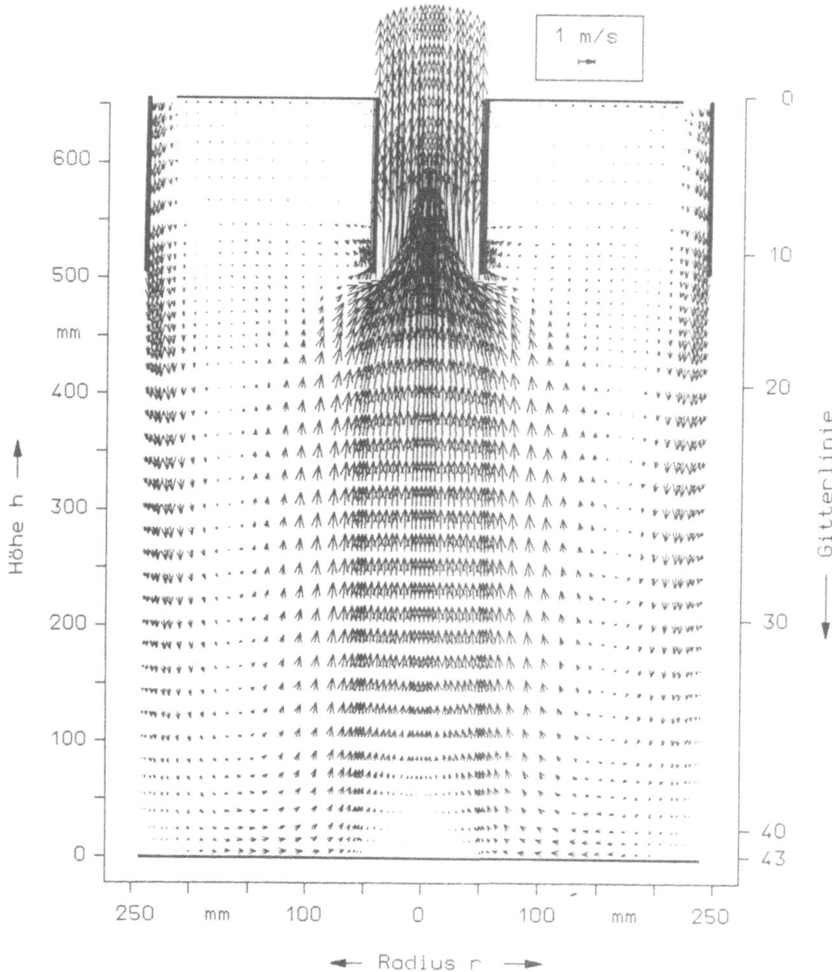

Bild 5.4: Geschwindigkeitsfeld für $n = 400$ U/min, $S = 1{,}7$, $Re_r = 3{,}2 \cdot 10^4$, $\dot{V}_{zu} = 70$ m³/h, $\dot{V}_{ab} = 140$ m³/h

freier Staupunkt mit nachfolgendem Totwassergebiet, hinter dem die Stromlinien (Bild 5.5) wieder konvergieren. Infolge des Druckanstieges innerhalb der Grenzschicht entwickelt sich eine ringförmige Ablösezone um den freien Staupunkt, die bei zunehmender Drehzahl der Scheibe stärker hervortritt. Ein weiteres Ablösungsgebiet entsteht als Folge der Einlaufströmung in ca. halber Höhe des Saugrohres.

Die berechnete Druckverteilung im Strömungsfeld ist in Bild 5.5 dargestellt. Entlang der freien Grenze fällt der Druck vom Rand der Saughaube ausgehend stetig bis zur Arbeitsfläche und erreicht hier im Außenbereich ein Minimum. In diesem Gebiet findet deshalb auch der stärk-
ste Zufluß von Umgebungsluft statt. Der weitere Druckabfall verläuft nahezu gleichmäßig über die Arbeitsfläche zur Symmetrielinie und weiter
zur Saugöffnung in Übereinstimmung mit dem Verlauf der Stromlinien.

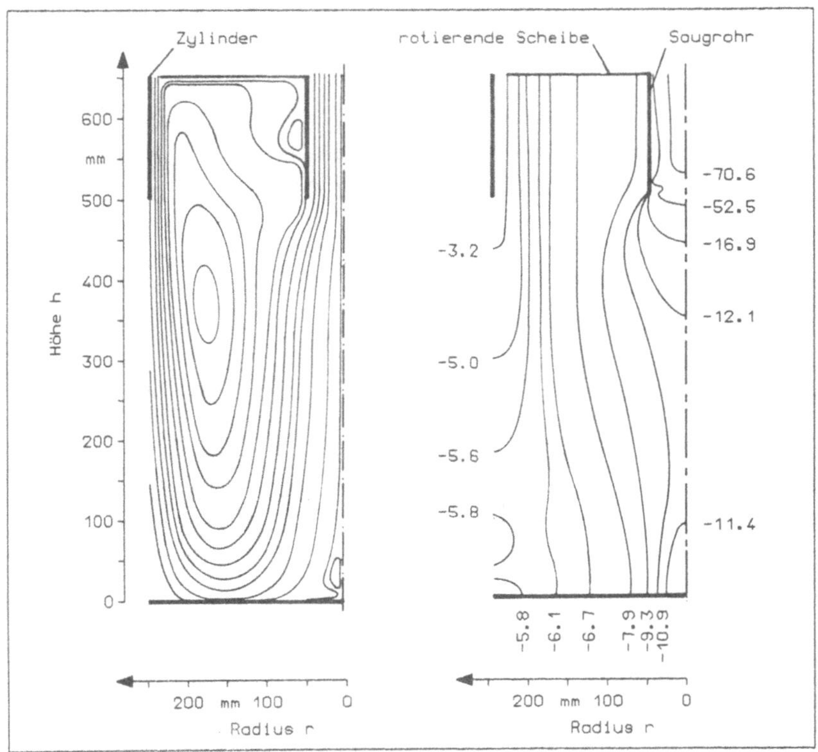

Bild 5.5:   Stromlinien- und Isobarendarstellung für n = 400 U/min,
$\dot{V}_{zu}$ = 70 m³/h, $\dot{V}_{ab}$ = 140 m³/h, (Druck in [Pa])

Um den Einfluß der radialen Re-Zahl und der Drallzahl auf das Wirbel-
feld zu untersuchen, wurden Rechnungen mit verändertem Zu- und
Abluftvolumenstrom bei unterschiedlichen Drehzahlen durchgeführt.
Nach Gl. 3.4 kann die radiale Re-Zahl bei der Simulation nur durch
Änderung des Volumenstroms beeinflußt werden, da im Gegensatz zu

den Tornadosimulatoren der Ward-Bauart die Höhe h der Zuflußzone
keine feste Größe im Simulationsmodell ist. Für die numerischen Untersuchungen wurde der Zu- und Abluftvolumenstrom im Rahmen der in
Tabelle 5.1 angegebenen Grenzwerte verändert, wobei das Volumenstromverhältnis auf $1 \leq \dot{V}_{ab}/\dot{V}_{zu} \leq 2$ beschränkt war. Mit dieser Ein-
schränkung wurde erreicht, daß der tangentiale Impuls im Strömungs-
feld nicht nur ausschließlich über die Scheibe, sondern auch durch die
am Ringspalt BC eintretende Zuluft übertragen wurde, deren tangentiale Komponente mit der Umfangsgeschwindigkeit der Scheibe gekop-
pelt war. Die Bedingung $\dot{V}_{ab}/\dot{V}_{zu} \geq 1$ sorgt dafür, daß kein Luftaustritt
aus dem Kontrollraum erfolgt.

Die Drallzahl wurde nach Gl. 3.6 bei konstantem Volumenstrom ausschließlich über die Drehzahl der Scheibe eingestellt. Mit diesen Vorgaben wurden folgende Kennzahlbereiche abgedeckt:

$$Re_r = \frac{\dot{V}}{\nu \cdot h} = 2,5 \cdot 10^4 \ldots 5,3 \cdot 10^4$$

$$S = \frac{r_0 \, \Gamma}{2 \, \dot{V}} = 0,8 \ldots 3,9$$

Tabelle 5.2: Kennzahlenbereich der numerischen Simulation

Die Ergebnisse der Untersuchungen weisen daraufhin, daß die Re-Zahl
in dem untersuchten Bereich keinen wesentlichen Einfluß auf die Ausbildung des Wirbelfeldes ausübt. Weder die Änderung der Volumenströme $\dot{V}_{ab}$ und $\dot{V}_{zu}$ noch die Änderung des Volumenstromverhältnis-
ses innerhalb der angegebenen Grenzen bewirken eine grundsätzliche
Veränderung des Strömungsfeldes. Lediglich der Betrag der örtlichen
Geschwindigkeitsvektoren wächst mit zunehmendem Volumenstrom,
während Stromlinien- und Isobarenfeld nahezu deckungsgleich mit Bild
5.5 bleiben.

Einen größeren Einfluß auf das Wirbelfeld hat dagegen die Drallzahl.
Bild 5.6 läßt erkennen, daß mit zunehmender Drehzahl des Siebes auch
der Durchmesser des Wirbelkerns wächst. Das Maximum der vertikalen
Geschwindigkeitskomponente v_z und der tangentialen Komponente v_φ

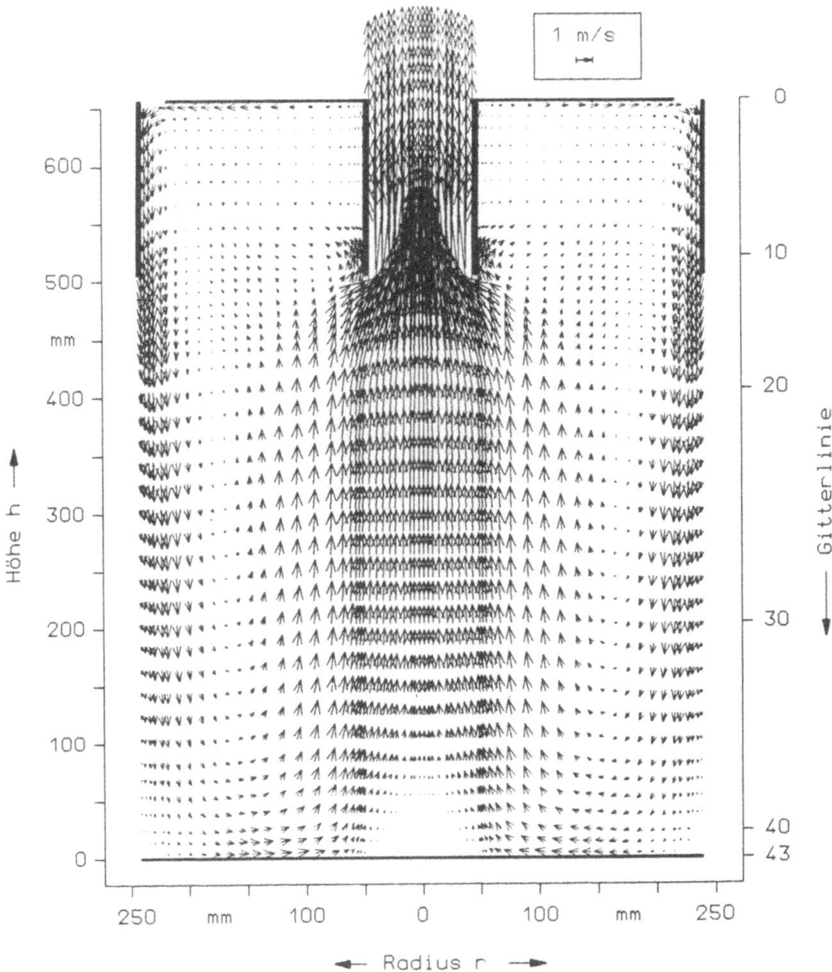

Bild 5.6: Geschwindigkeitsfeld für n = 800 U/min, S = 2,7, Re_r = 3,3 · 10⁴, $\dot{V}_{zu}$ = 100 m³/h, $\dot{V}_{ab}$ = 200 m³/h

entfernen sich von der Wirbelachse, gleichzeitig nehmen Radius und Höhe der Totwasserströmung im Zentrum der Arbeitsfläche zu.

Die radiale Geschwindigkeitskomponente v_r der bodennahen Strömung wächst ebenfalls mit zunehmender Tangentialgeschwindigkeit, wobei sich eine Tendenz zur Grenzschichtablösung in der Nähe des Wirbelkerns bemerkbar macht. Da der Zu- und Abluftvolumenstrom im Vergleich zu Bild 5.4 nicht verändert wurde, ist die Zunahme der Geschwindigkeit in Bodennähe auf eine höhere Zirkulation im Kontrollbereich zurückzuführen. Bei der vorgegebenen Konfiguration wird mit wachsender Drehzahl der Scheibe ein größerer Anteil des Fluids lediglich umgewälzt und vermischt sich mit der am Ringspalt austretenden Zuluft. Dieser Vorgang ist auch an den höheren radialen Geschwindigkeitsbeträgen unterhalb der Scheibe zu erkennen.

Die bei höheren Drallzahlen zunehmende vertikale Zirkulation im Kontrollraum widerspricht den Anforderungen, die an eine Absauganlage gestellt werden müssen. Um eine Vermischung schadstoffbeladener Luft mit dem äußeren Luftschleier zu verhindern, muß eine niedrige Drallzahl in Verbindung mit einem hohen Abluft-/Zuluftverhältnis angestrebt werden. Die absoluten Volumenströme sind dagegen von geringerer Bedeutung, sofern der für die Funktion der SH erforderliche Mindestvolumenstrom nicht unterschritten wird.

5.5   Optimierung des Simulationsmodells

Aufgrund der numerischen Simulationsergebnisse lassen sich für die Entwicklung funktionsfähiger Versuchsmodelle folgende Vorgaben ableiten:

- Die Höhe H_1 der Saughaube sollte klein sein, um den Impulsverlust der Zuluft und die durch Wandreibung erzeugte Turbulenz gering zu halten.
- Zur Vermeidung von Ablösewirbeln sollte das Saugrohr nicht in das Strömungsgebiet ragen.
- das Volumenstromverhältnis sollte $\dot{V}_{ab} / \dot{V}_{zu} \leq 2$ betragen, um hohe Drallzahlen zur Stabilisierung des Luftschleiers zu vermeiden.
- Bei den vorgegebenen Abmessungen (D_1 - 500 mm, D_2 - 100 mm, D_3 - 480 mm, H_0 - 500 mm) sollte der minimale Zuluftvolumenstrom $\dot{V}_{zu}$ - 60 m^3/h nicht unterschreiten, da sonst der über das Volumenstromverhältnis gekoppelte Abluftvolumenstrom zu gering wird.
- Die Drallzahl sollte zur Verringerung der Durchmischung des inneren und äußeren Wirbelfeldes klein gehalten werden.

Bild 5.7 zeigt ein Strömungsfeld, das unter Beachtung dieser Vorgaben berechnet wurde. In dieser Konfiguration wurde die Höhe H_1 der Saughaube auf 50 mm reduziert und das Saugrohr schließt bündig mit dem rotierenden Sieb ab. Die Drehzahl des Siebes sowie die Zu- und Abluftwerte wurden mit n = 60 U/min, $\dot{V}_{zu}$ = 80 m³/h und $\dot{V}_{ab}$ = 150 m³/h gewählt.

Das Simulationsergebnis zeigt eine im Vergleich zu Bild 5.4 und 5.6 verringerte vertikale Zirkulation im Kontrollraum. Im inneren Wirbelfeld wird das Fluid nahezu vollständig durch das Saugrohr aufgenommen und nur geringfügige Anteile erreichen unterhalb des Siebes die äuße-

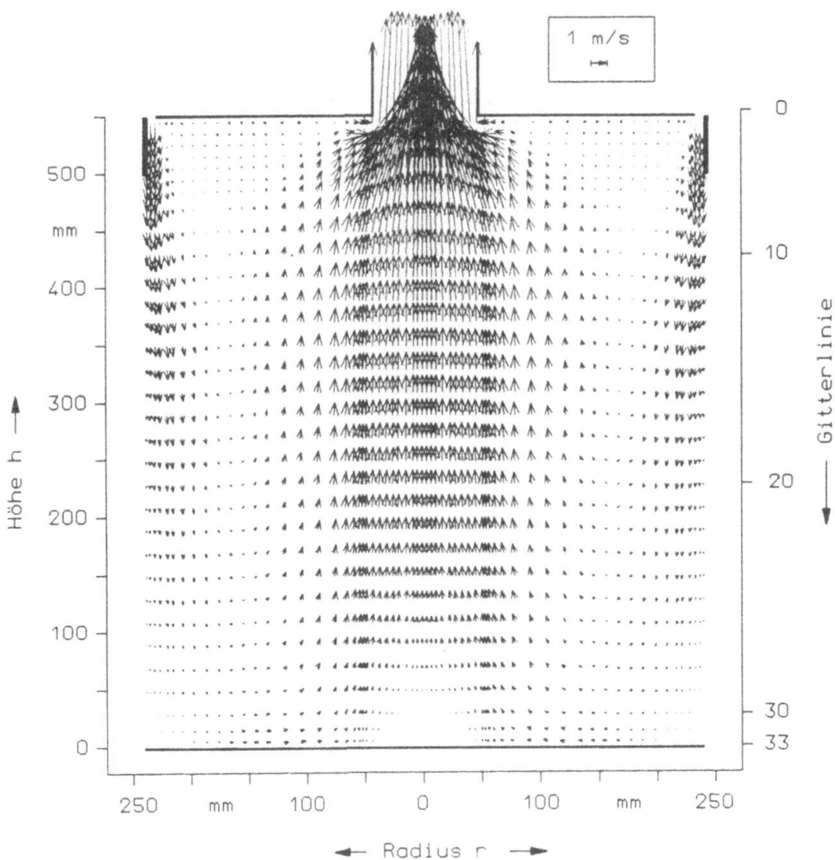

Bild 5.7: Geschwindigkeitsfeld für n = 60 U/min, S = 0,8, Re_ = 2,5 · 10⁴, $\dot{V}$... = 80 m³/h, $\dot{V}$__ = 150 m³/h

re Wirbelzone. Über der Arbeitsfläche ist die zum Wirbelzentrum gerichtete radiale Geschwindigkeitskomponente zwar kleiner als bei höheren Drallzahlen, erreicht mit $v_r = 0{,}31$ m/s aber noch einen für den Schadstofftransport ausreichenden Wert.

In Bild 5.8 sind für die optimierte Konfiguration der SH die Vertikal-, Tangential- und Radialgeschwindigkeiten sowie der Druckverlauf in verschiedenen horizontalen Schnitten auf den jeweils angegebenen Linien des Rechengitters (GL) dargestellt.

Das Profil der vertikalen Geschwindigkeitskomponente v_z läßt im Bereich von GL 30 und 33 eine Rezirkulationszone erkennen, die in dem berechneten Beispiel eine Höhe von ca. 35 mm hat. Diese Zone ist durch einen ringförmigen Bereich erhöhter Vertikalgeschwindigkeit um das Wirbelzentrum gekennzeichnet, wobei die Komponente v_z auf der Wirbelachse selbst geringfügig negative Werte annimmt. Im Bereich der GL 20 ist dagegen auf der Wirbelachse bereits ein ausgeprägtes Geschwindigkeitsmaximum zu erkennen, das bei GL 10 durch den unmittelbaren Einfluß des Saugrohres noch verstärkt wird.

Die tangentiale Geschwindigkeitskomponente v_φ läßt auf der GL 20 noch den Einfluß der rotierenden Scheibe erkennen. Die Geschwindigkeitsverteilung gleicht der Verteilung der Festkörperrotation, nimmt aber bis zur GL 33 die Form des realen Wirbels an. Entsprechend verändert sich auch der Druckverlauf, so daß erst in geringer Höhe über der Arbeitsfläche die typische Wirbelstruktur gebildet wird. Ausschlaggebend für dieses Verhalten ist die gewählte Geometrie sowie die Erzeugung der tangentialen Geschwindigkeitskomponente durch die rotierende Scheibe, an der die Wandhaftbedingungen $v_z = 0$, $v_r = 0$, $v_\varphi = \omega\, r$ ($\omega = \omega_s$) erfüllt sein müssen.

Die radiale Geschwindigkeitskomponente v_r ist in Bild 5.8 so dargestellt, daß die zur Symmetrielinie gerichtete Geschwindigkeitskomponente positiv aufgetragen ist. Auswärts gerichtete Geschwindigkeiten (negative Werte) treten nur in einem kleinen Bereich unterhalb der Haube auf, in dem sich der stationäre Ringwirbel befindet. Auch hier ist das Totwassergebiet über der Arbeitsfläche zu erkennen (GL 30, GL 33).

Durch die Reduzierung des Rechengebietes entsprechen die Geschwindigkeiten und der Druck im Bereich der freien Grenze nicht ganz dem erwarteten Verlauf, da der Übergang in einer freien Grenzschicht asymptotisch erfolgen muß. Infolge der geringen Geschwindigkeiten außerhalb des berechneten Strömungsfeldes ist dieser Fehler aber vernachlässigbar.

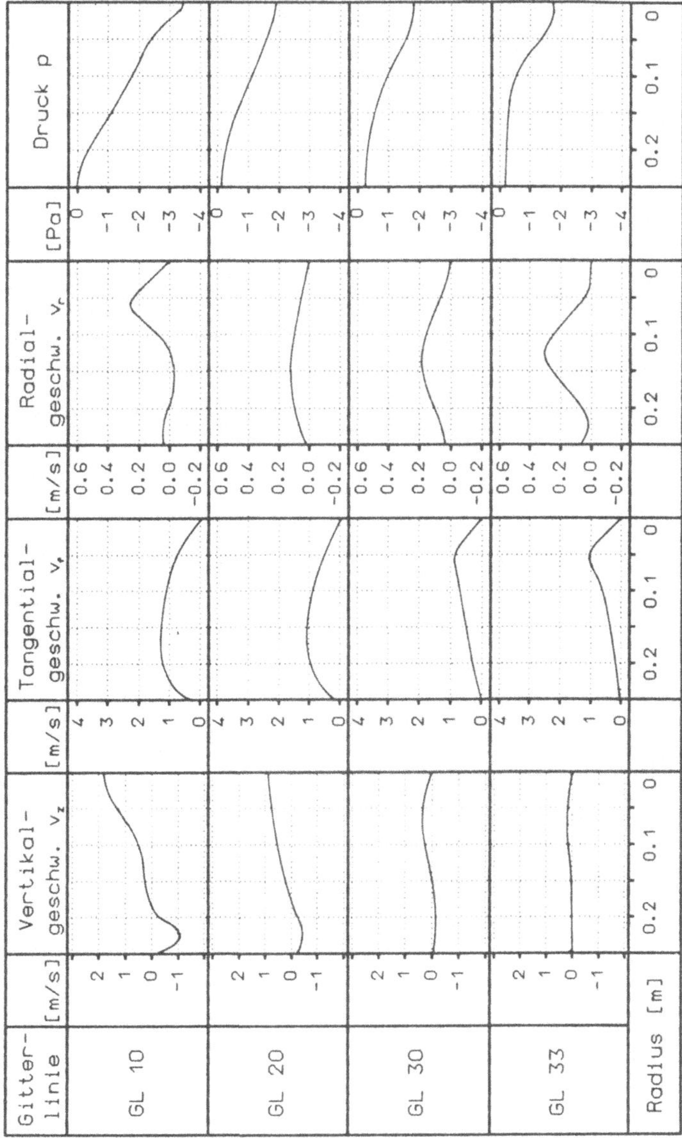

Bild 5.8: Geschwindigkeits- und Druckverteilung im Wirbelfeld für die in Bild 5.7 von oben nach unten gezählten Gitterlinien 10, 20 , 30 und 33

6 Experimentelle Untersuchungen

6.1 Planung und Durchführung der Arbeiten

Da zu Beginn der experimentellen Untersuchungen weder Erfahrungen über geeignete technische Verfahren zur Erzeugung des Wirbelfeldes noch über deren konstruktive Umsetzung in ein Versuchsmodell vorlagen, wurden die Arbeiten in drei aufeinanderfolgenden Schritten durchgeführt:

- Ausgehend von den Ergebnissen der numerischen Tornadosimulation (Kap 5.4) wurde im Rahmen von Voruntersuchungen ein mechanisch arbeitender Wirbelgenerator (WG) mit variabler Form entwickelt, mit dem vor allem die Einbringung der Drallkomponente in das Strömungsfeld untersucht werden sollte. Auf eine erste Optimierung der geometrischen und strömungstechnischen Parameter durch Sichtbarmachung des Strömungsfeldes folgten Messungen der Geschwindigkeitsverteilung an verschiedenen Konfigurationen des Wirbelgenerators.

- Im zweiten Schritt wurde unter Berücksichtigung der in Kap. 3 definierten Anforderungen und der Ergebnisse der Voruntersuchungen ein Experimentalmodell der SH entwickelt, an dem ebenfalls kinematographische Untersuchungen sowie Messungen der Geschwindigkeitsverteilung im Strömungsfeld durchgeführt wurden.

- Abschließend wurde in einem speziellen Versuchsaufbau die Druckverteilung im Wirbelzentrum gemessen.

Zur Untersuchung der komplexen Wirbelströmung wurden ausschließlich optische Meßverfahren eingesetzt, die das Strömungsfeld nicht durch Meßsonden stören:

- Photographische und kinematographische Verfahren zur qualitativen Untersuchung der Wirbelstruktur
- Messung der Geschwindigkeitsfelder mit Laser - Doppler-Anemometern
- Ermittlung der Druckverteilung im Wirbelkern durch holographische Interferometrie.

Ausführliche Darstellungen der physikalischen Grundlagen dieser Meßverfahren finden sich bei Popov /48/, Dändliker, Durst, Drain, Ruck /49, 50, 51, 52/ und Breuckmann, Vest und Gooderum /53, 54, 55/.

6.2 Experimentelle Voruntersuchungen an einem Wassermodell

Die experimentellen Arbeiten im Rahmen der Voruntersuchungen wurden in einem Wasserbecken durchgeführt, um die meßtechnische Untersuchung des Strömungsfeldes zu vereinfachen. Die im Vergleich zu Luft wesentlich höhere molekulare Viskosität von Wasser hat einen hohen Impulstransport innerhalb der Strömung zur Folge und begünstigt somit die Entwicklung des Wirbelfeldes bei niedrigen Strömungsgeschwindigkeiten. Niedrige Strömungsgeschwindigkeiten und die in Wasser erreichbare gleichmäßige und hohe Konzentration von Streuteilchen waren für den Einsatz eines automatisierten LDA-Meßsystems erforderlich, dessen Signalverarbeitung über einen Tracker erfolgte /56/. Mit diesem System konnten die hohen Meßdatenraten und kurzen Meßzeiten erreicht werden, die im Rahmen der Voruntersuchungen erforderlich waren.

6.2.1 Experimenteller Aufbau

6.2.1.1 Aufbau und Funktion des Wirbelgenerators

Der WG besteht aus einem oben und unten geschlossenen Hohlzylinder, der zur Lagerung des Flügelradantriebs, des Saugrohrs und des Plexiglasschirms dient. Der Plexiglasschirm ist auf dem Hohlzylinder verschiebbar angeordnet und umschließt den Wirbelraum, in dem das Flügelrad läuft (Bild 6.1). Das Flügelrad wird von einem Wechselstrommotor mittels zweier Zahnriemen über eine Nebenwelle angetrieben (Bild 6.2). Der Motor mit einer elektrischen Leistung von P_{el} - 90 W ist oberhalb des Wirbelgenerators spritzwassergeschützt angeordnet. Das Flügelrad, dessen Radius durch Abstandshülsen verändert werden kann, besteht aus rechteckigen, kreisförmig gebogenen Stahlblättern (c_w > 1) mit verstellbarer Neigung. Die Drehzahl des Flügelrades läßt sich über ein Kegelradgetriebe stufenlos zwischen N - 60 . . . 300 U/min einstellen. Im Zentrum des Wirbelgenerators ist das Saugrohr in der Höhe verschiebbar gelagert, so daß die Saughöhe innerhalb des Wirbelraumes verändert werden kann. Durch die Verstellbarkeit der Schirmhöhe, des Flügelraddurchmessers, der Schaufelneigung und der Saugrohrhöhe weist die Geometrie des WG eine große Variationsbreite auf.

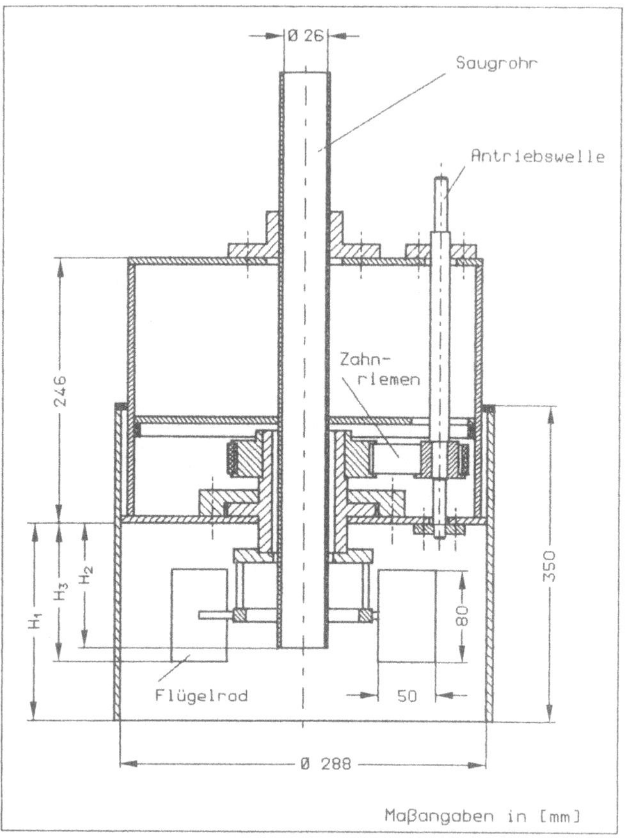

Bild 6.1:   Konstruktionsschema des Wirbelgenerators

Die Funktionsweise des WG unterscheidet sich wesentlich von der bekannter Tornadosimulatoren (vergl. Kap. 3.2.1) Durch die Drehung des
Flügelrades wird das zwischen Saugrohr und Plexiglasschirm befindli-
che Wasser in Rotation versetzt. Die auftretenden Zentrifugalkräfte
bewirken eine Druckerhöhung auf der Innenseite des Plexiglasschirmes,
wodurch das Wasser entlang der Schirmwand nach unten aus dem
Wirbelraum ausfließt. Die ausfließende Strömung, die eine vertikale und
tangentiale Geschwindigkeitskomponente besitzt, induziert unterhalb
des WG ein Wirbelfeld mit vertikaler Symmetrieachse, in dessen Zentrum durch die Saugwirkung des Flügelrades wieder Wasser nach oben
in den Wirbelraum gefördert wird. Dieser Effekt wird durch Absaugen
über das zentrale Saugrohr noch verstärkt.

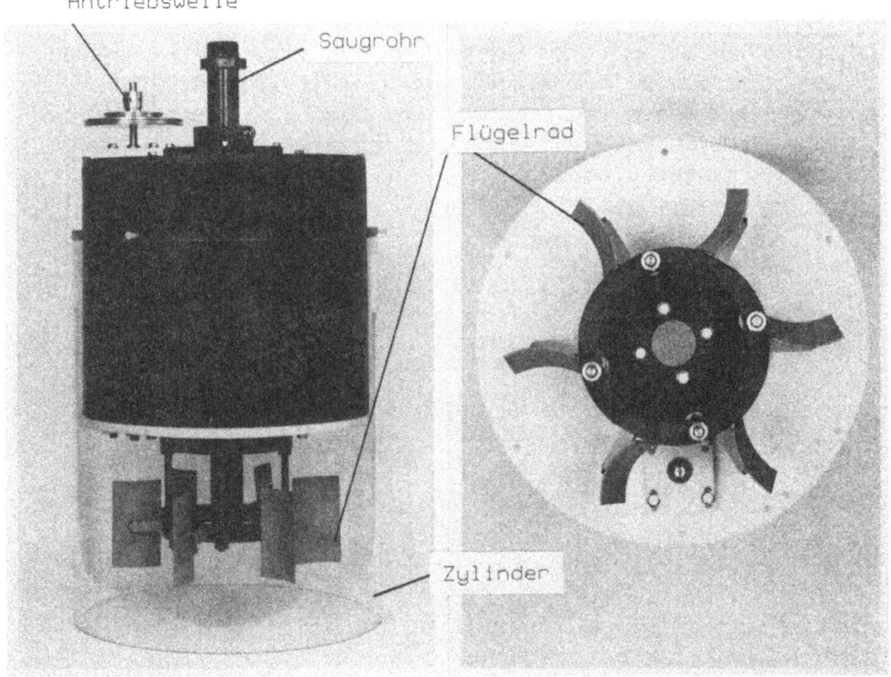

Bild 6.2:   Wirbelgenerator und Flügelrad

6.2.1.2   **Versuchsaufbau**

Der Wirbelgenerator ist in der Mitte eines verglasten Wasserbeckens so angeordnet, daß sich der elektrische Antrieb oberhalb des Wasserspiegels befindet, während der mechanische Antrieb im Hohlzylinder halb und das Wirbelrad voll getaucht arbeiten. Eine Umwälzpumpe mit einer maximalen Förderleistung von $\dot{V} = 6 \ m^3/h$ saugt in einem geschlossenen Kreislauf über das Saugrohr Wasser an und fördert es zur Abscheidung von Luftblasen in einen Ausgleichsbehälter. Der umgewälzte Wasservolumenstrom wird durch einen geeichten elektromagnetischen Durchflußmesser kontrolliert und kann über ein mechanisches Drosselventil eingestellt werden. Aus dem Ausgleichsbehälter fließt das Wasser über einen großdimensionierten Diffusor mit geringer Geschwindigkeit wieder in das Becken.

Bei Untersuchungen mit Farbkontrastmitteln zur Sichtbarmachung der Strömung wird mit einem offenen Kreis gearbeitet, wobei das Wasser über einen Diffusor in das Becken fließt und durch die Wasserpumpe über das Saugrohr des Wirbelgenerators wieder abgesaugt wird. Der abfließende Wasservolumenstrom wird über das Durchflußmeßgerät kontrolliert, die Feinregelung erfolgt durch die Einstellung des Wasserspiegels mit dem Überlaufrohr.

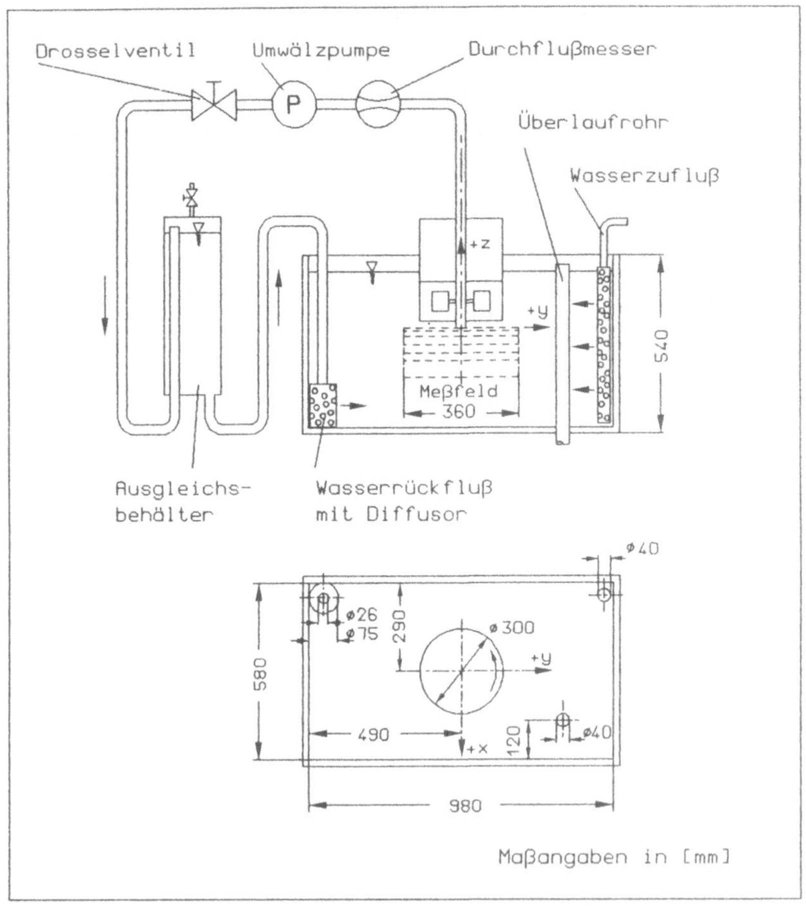

Bild 6.3: Schematische Darstellung des Versuchsaufbaus mit den wesentlichen Abmessungen

6.2.1.3 Aufbau und Funktion der Meßeinrichtung

Der gerätetechnische Aufbau der Meßeinrichtung zur Untersuchung der Geschwindigkeitsverteilung im Wirbelfeld ist in Bild 6.4 schematisch dargestellt. Aufgrund der hohen Datenrate bei LDA-Messungen wurde der Meßplatz so ausgelegt, daß alle wesentlichen Funktionen durch einen PC gesteuert werden konnten. Dazu gehörten:

- die Positionierung des Laserstrahls im Meßraum
- die ortsbezogene Erfassung der Meßwerte
- die Berechnung der Geschwindigkeitsvektoren
- das Drucken der Meßprotokolle
- sowie die graphische 2-D-Darstellung des Vektorfeldes.

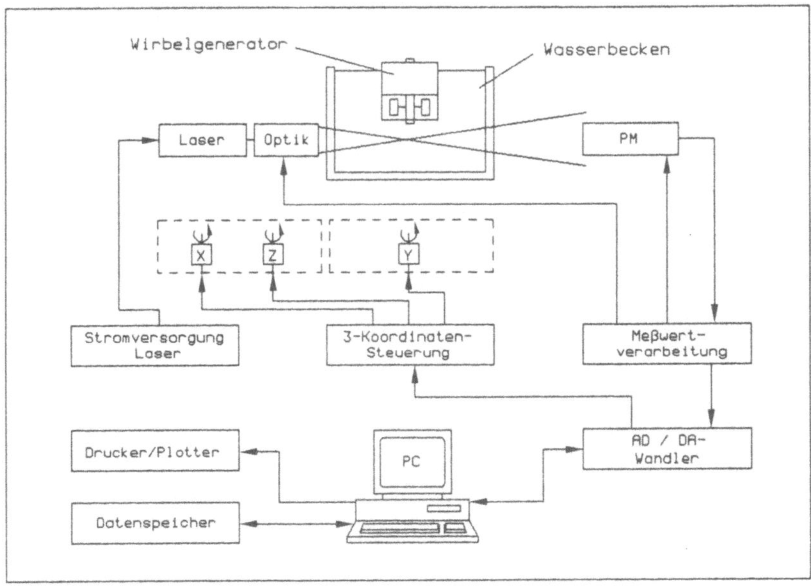

Bild 6.4:   Schematische Darstellung des LDA-Meßaufbaus

Das LDA-Meßsystem (DISA 55 L MKII) bestand aus einem 5mW He-Ne-Laser (λ = 632,8 nm), einer Einkanaloptik mit einer Brennweite von f = 300 mm, einem Photomultiplier (PM), einer LDA-Steuereinheit zur Frequenzverschiebung (f_{SH} = 47,5 MHz), einem Dopplersignal-Processor, einem AD/DA-Wandler, sowie einem CBM-Rechner mit Drucker. Auf-

- 66 -

grund der geringen Laserleistung mußte in Vorwärtsstreuanordnung
/56/ gearbeitet werden, so daß sich das Meßobjekt zwischen Sende-
und Empfangsoptik befand. Da eine mechanische Einrichtung zur Nach-
führung der Empfangsoptik aus räumlichen Gründen ausschied, wurde
das Positioniersystem so ausgelegt, daß die auf einer gemeinsamen
optischen Bank justierten Laser und Sendeoptik in der x- und z-Achse
und das Wasserbecken mit der Versuchseinrichtung in der y-Achse
traversiert wurden (Bild 6.5). Die Positionierung der Komponenten erfolgte mit Schrittmotoren, die durch den Rechner über eine eigene
Steuereinheit aktiviert wurden. Die Justierung des PM bzw. der PM-
Lochblende auf das Meßvolumen wurde manuell vorgenommen.

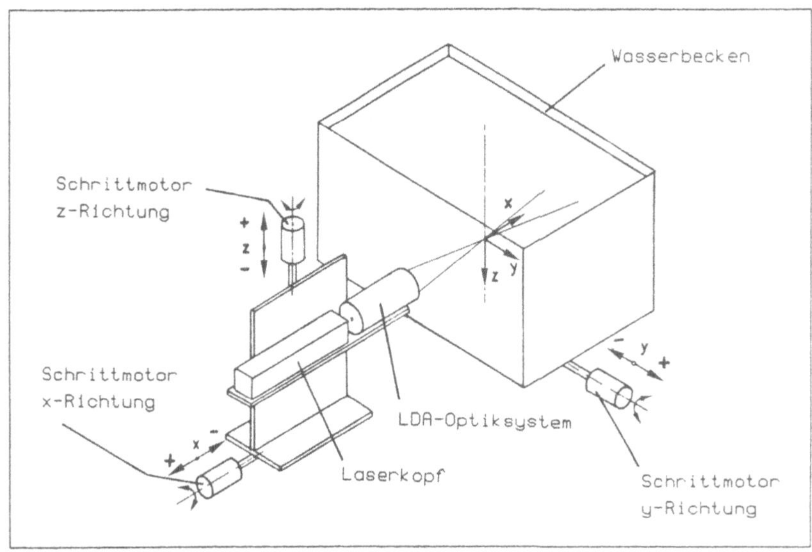

Bild 6.5:   LDA-Positioniersystem mit Meßachsen

Durch die Symmetrie des Strömungsfeldes konnte mit diesem Meßauf-
bau ohne Nachjustierung des PM jeweils eine vollständig computerge-
steuerte Messung der radialen oder vertikalen Geschwindigkeitskomponente auf der y-Achse des Meßfeldes durchgeführt werden. Die
Ermittlung der tangentialen Geschwindigkeitskomponente erforderte
dagegen für jeden Meßpunkt eine neue Justierung des PM.

Der mechanische Aufbau der Traversiereinheiten schränkte die Größe
des Meßfeldes auf 150 x 360 mm (H x B) ein. Die Schrittweite zwischen

zwei aufeinanderfolgenden Meßpunkten wurde auf 5 mm im Außenbereich und 2,5 mm im Innenbereich des Meßfeldes (y = ± 25 mm) festgelegt. Zur Vermeidung von Störungen durch das Verfahren des Wasserbeckens wurde die Traversiergeschwindigkeit auf 1 mm/s begrenzt und nach dem Anfahren eines neuen Meßpunktes jeweils eine Wartezeit von 10 s eingelegt.

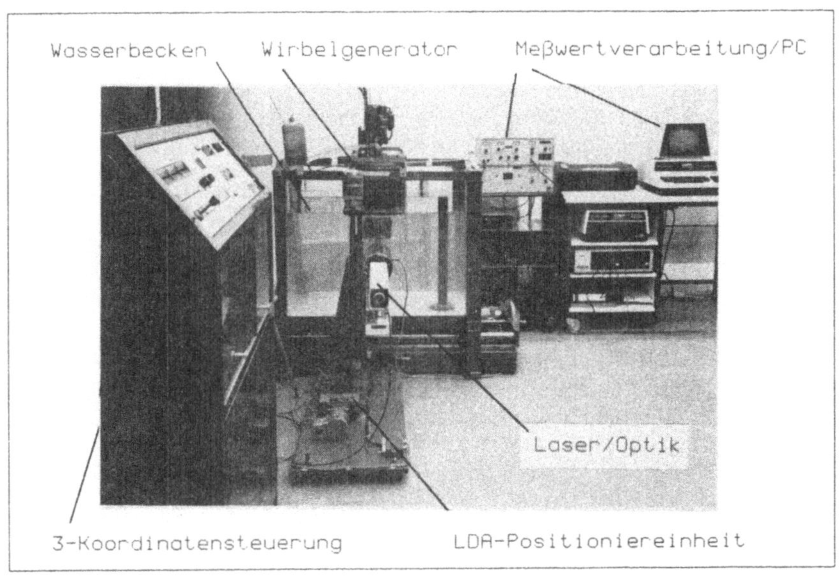

Bild 6.6:   Gesamtansicht der Versuchsanordnung

6.2.1.4   Messung

Die Verwendung eines Trackers im LDA-Meßsystem erfordert eine hohe Streupartikeldichte im Meßvolumen. Darüberhinaus muß auch eine Mindestpartikeldichte gewährleistet sein, um die turbulenten Schwankungen der Strömung aufzulösen und die statistische Sicherheit der Messungen zu gewährleisten /57/.

In der beschriebenen Versuchsanordnung wurden die Streuteilchen in Form von 15 ml Vollmilch dem Wasserkreislauf zugesetzt (Volumenkonzentration 1 : 2,35 · 10^4 Milch/Wasser). Höhere Konzentrationen der

Streupartikel führten zu einer starken Trübung des Wassers und einem
verstärkten Rauschen im Ausgangssignal des PM.

Die Anzahl der erforderlichen Einzelmessungen zur Bildung der Geschwindigkeitsmittelwerte wurde sowohl abgeschätzt als auch meßtechnisch überprüft. Sie beträgt nach /58/:

$$N \geq \frac{Z\,(P)^2}{\sigma^2}\,Tu^2 \qquad\qquad (61)$$

mit   N - Zahl der erforderlichen Partikel
      Z - Funktion der statistischen Wahrscheinlichkeit P (σ)
      Z - 1,645 für P - 0,90
      Z - 1,960 für P - 0,95
      Z - 2,580 für P - 0,99
      σ - statistische Abweichung
      Tu - Turbulenzgrad der Strömung

Für die Untersuchungen wurde die Anzahl der zu messenden Partikel
mit N - 150 / Meßpunkt ermittelt. In Bereichen hoher Turbulenz wurde
N - 500 gesetzt. Die korrespondierenden Meßzeiten betrugen 3 bzw.
10,2 s/Meßpunkt.

In der beschriebenen Versuchsanordnung werden die Laserstrahlen
durch den Übergang von einem optisch dünnen Medium in ein optisch
dichtes Medium gebrochen Die Änderung des Brechungswinkels beeinflußt aber die Interferenzstreifenabstände im Meßvolumen nicht, da
die Winkeländerung durch eine entsprechende Wellenlängenänderung
ausgeglichen wird /56/. Der dabei auftretende Versatz des Meßvolu-
mens wurde im Experiment durch eine direkte Nullpunktjustierung am
Versuchsmodell kompensiert.

6.3   Versuchsergebnisse

Im Rahmen der Voruntersuchungen wurden in verschiedenen Ver-
suchsreihen experimentell die geometrischen und dynamischen Parameter des Wirbelgenerators ermittelt, die eine Entwicklung und Stabilisierung des Wirbelfeldes ermöglichen. Aufgrund der andersgearteten
Geometrie und Funktionsweise konnten die dimensionslosen Kennzahlen
der Tornadosimulatoren (vergl. 3.2.2) nicht zu einer Vordimensionierung

des Wirbelgenerators herangezogen werden. In diesen Simulatoren wird durch die Geometrie festgelegte Höhe h der Zuflußzone und der am Absaugventilator gemessene Volumenstrom $\dot{V}$ zur Bildung der radialen Re-Zahl und der Drallzahl verwendet. Beide Größen lassen sich bei dem geometrisch weniger eingeschränkten Strömungsfeld des Wirbelgenerators nur indirekt durch Messung der Geschwindigkeitsverteilung ermitteln. Die für die Voruntersuchungen charakteristischen dimensionslosen Kennzahlen werden deshalb am Ende des Kapitels aus den LDA-Meßergebnissen abgeleitet.

6.3.1   Kinematographische Untersuchungen

Für die LDA-Messungen wurde die Grundeinstellung des Wirbelgenerators durch Sichtbarmachung des Strömungsfeldes mit Hilfe von in Wasser gelöstem Kaliumpermanganat ($K_3 Mn O_4$) vorgenommen. Das Farbkontrastmittel wurde über eine Drossel aus einem hochgelegenen Vorratsbehälter durch ein Plexiglasrohr dosiert in den Wirbelkernbereich geleitet, bzw. im Rahmen der Anlaufversuche bei ausgeschaltetem Wirbelrad in Form einer Farbblase am Boden des Wasserbeckens angesetzt. Die Ermittlung der Grundeinstellung des Wirbelgenerators erfolgte experimentell durch Änderung

- der Schaufelneigung,
- des Flügelraddurchmessers,
- der Saugrohrhöhe,
- und der Schirmhöhe.

Maßgeblich für die Beurteilung des Strömungsfeldes und den daraus resultierenden Geometrieänderungen waren

- die Ausbildung des Wirbelkerns,
- die Stabilität des Wirbelfeldes,
- und die Turbulenz im Strömungsfeld.

Die mit dieser Methode ermittelte Grundkonfiguration des Wirbelgenerators ist in Bild 6.7 dargestellt.

Die Untersuchungen über die Ausbildung und Stabilität des Wirbelkerns wurden mit verschiedenen Flügelraddurchmessern und -drehzahlen durchgeführt. Die folgenden Bilder zeigen die Versuchsanordnung mit einem Flügelraddurchmesser von D_{FR} - 160 mm und D_{FR} - 230 mm bei Drehzahlen von 75 und 150 U/min.

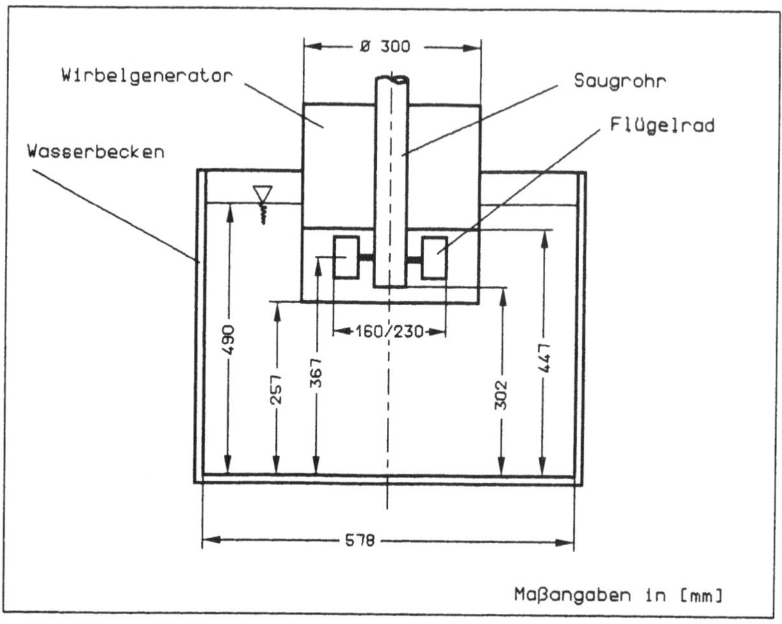

Bild 6.7:   Konfiguration des Wirbelgenerators für die kinematographischen Untersuchungen

Bei beiden Konfigurationen entwickelt sich eine Tornadoströmung, die
durch den charakteristischen Schlauchwirbel in der Symmetrieachse
des Wirbelgenerators gekennzeichnet ist. Die wesentlichen Ergebnisse
der Untersuchungen werden im folgenden zusammengefaßt.

Bei kleinem Flügelraddurchmesser bildet sich ein scharf abgegrenzter,
zentraler Wirbelkern mit kleinem Durchmesser, der in den Bildern durch
die dunklere Färbung erkennbar ist. Um diesen zentralen Kern existiert
ein ringförmiger Bereich mit erhöhter Turbulenz, der jedoch auf den
freien Raum zwischen der Unterkante des Zylinders und dem Boden
des Wasserbeckens begrenzt ist. Mit zunehmender Drehzahl wächst
der Durchmesser des turbulenten Bereichs, nicht jedoch der des zentralen Wirbelkerns. Unter Berücksichtigung der perspektivischen Verzer-
rung, durch die die Seitenlänge der Raster im Bild auf 25 mm reduziert
wird, kann der mittlere Radius des zentralen Wirbelkerns auf ca. 5 mm
geschätzt werden. Der Radius der turbulenten Zone wächst mit zu-

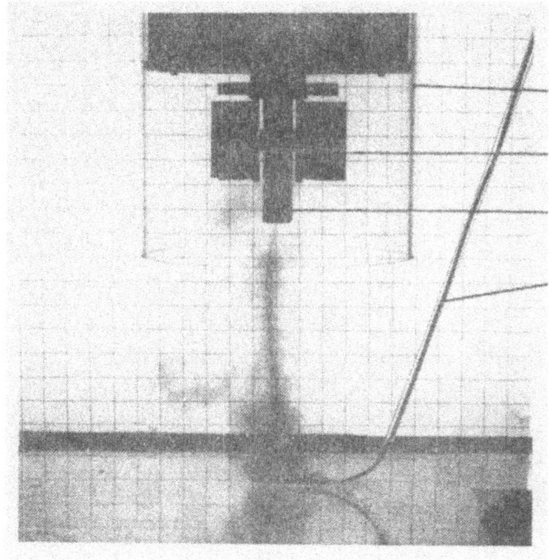

Bild 6.8: Kleines Flügelrad
D_{FR} = 160 mm
n = 75 U/min

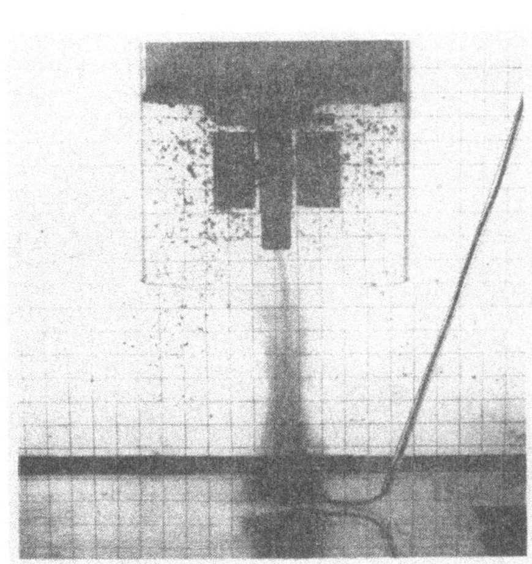

Bild 6.9: Kleines Flügelrad
D_{FR} = 160 mm
n = 150 U/min

nehmender Drehzahl von ca. 15 auf 30 mm. Die Konvergenzzone ist
durch eine starke Aufweitung des Wirbelschlauches und erhöhte Turbulenz gekennzeichnet. Bei Drehzahlen oberhalb von ca. 140 U/min tritt
eine starke Luftblasenbildung auf, die von den Rändern der Flügel-
radschaufeln ausgeht. Wird die Drehzahl bis auf n_{max} = 240 U/min
erhöht (Leistungsgrenze des Antriebsmotors, erfolgt eine zusätzliche
Luftblasenbildung im Zentrum des Wirbelschlauches. Beide Vorgänge

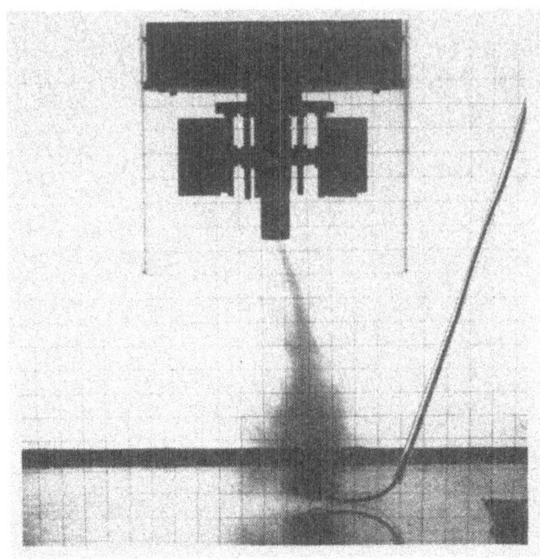

Bild 6.10: Großes Flügelrad

D_{FR} = 230 mm

n   = 75 U/min

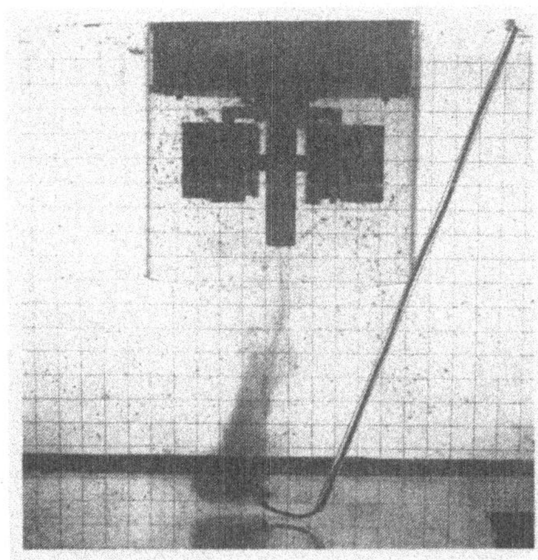

Bild 6.11: Großes Flügelrad

D_{FR} = 230 mm

n   = 150 U/min

sind auf eine Druckabsenkung infolge der hohen örtlichen Geschwindigkeiten zurückzuführen, wobei im Wasser gelöste Gase abgesondert werden, bzw. Kavitation auftritt.

Die Vergrößerung des Flügelraddurchmessers von D_{FR} = 160 mm auf D_{FR} = 230 mm führt zu einer Erhöhung der Turbulenz im Wirbelkern. Während bei niedrigen Drehzahlen (n_{FR} = 75 U/min) noch ein ausgeprägter Kern mit einem mittleren Radius $r_1 \approx 8$ mm beobachtet werden kann, entwickelt sich mit zunehmender Drehzahl eine stark turbulente Zone, die den fadenförmig erscheinenden Kern umgibt. Die turbulenten Schwankungen können dabei so groß werden, daß ein kurzzeitiger Wirbelzusammenbruch auftritt.

Zur Untersuchung des Anlaufverhaltens und der Wirbelentwicklung wurde das Farbkontrastmittel bei ausgeschaltetem Wirbelgenerator unterhalb des Saugrohrs in Form einer Farbblase am Boden des Beckens angesetzt. Die Bildfolge 6.12 . . . 6.17 zeigt die Versuchsdurchführung. Bild 6.12 wurde bei stehendem Flügelrad, aber eingeschalteter Saugpumpe aufgenommen. Obwohl der Fördervolumenstrom $\dot{V}$ - 3,7 m^3/h beträgt und die Saugpumpe bereits 30 s läuft, zeigt die Farblösung keine wesentliche Reaktion. Die folgenden Bilder wurden mit zugeschaltetem Flügelrad bei einer Drehzahl von n_{FR} - 100 U/min aufgenommen. Die Zeitspanne zwischen den einzelnen Bildern beträgt Δ t - 3 s und die gesamte Aufnahmezeit t - 12 s. Die Bildfolge zeigt, daß mit dem Anlaufen des Flügelrades die Wirbelbildung einsetzt, ohne daß Teile der Farblösung aus dem unmittelbaren Bereich des Wirbelgenerators austreten. Die Farblösung ist nach 12 s fast vollständig aufgebraucht.

Aus diesen Aufnahmen geht hervor, daß nicht die Saugpumpe, sondern das Flügelrad den wesentlichen Einfluß auf das Strömungsfeld ausübt.

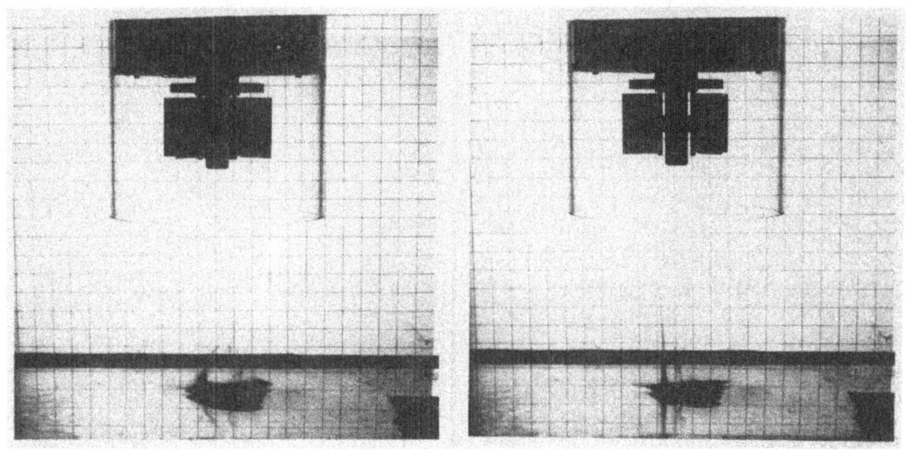

Bilder 6.12 und 6.13:   Anlaufverhalten der Wirbelströmung
n - 0 . . . 100 U/min

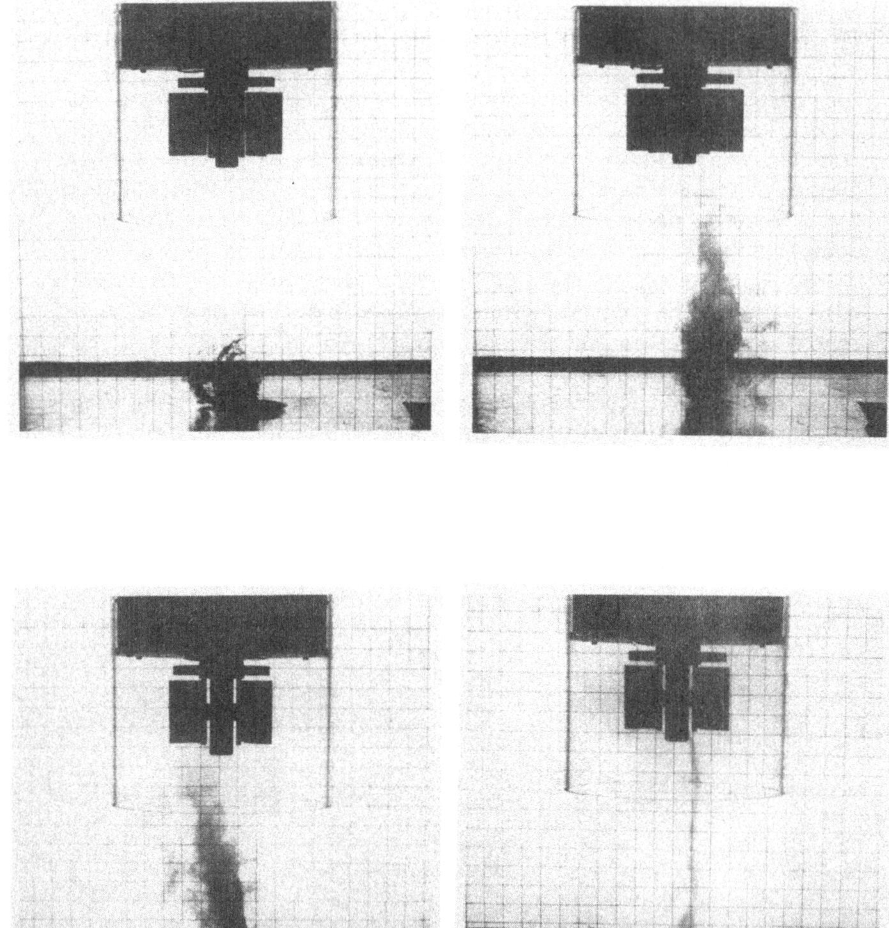

Bilder 6.14 . . . 6.17: Anlaufverhalten der Wirbelströmung (Fortsetzung)
n = 0 . . . 100 U/min, t_{ges} = 12 s

6.3.2   Ergebnisse der LDA-Messungen

Die Geometrie des WG wurde für die LDA-Messungen geringfügig verändert. Die Grundkonfiguration bildete eine Saughaube mit kleinem
Flügelraddurchmesser und verkürztem Zylinder, der Messungen in der
unmittelbaren Umgebung des Saugrohres ermöglichte. Weitere Konfigurationen mit längerem Zylinder oder großem Flügelrad wurden
ebenfalls untersucht. Um die LDA-Messungen durch turbulente Fluktuationen des Wirbelkerns nicht zu erschweren, wurde der Durchmesser
des Flügelrades auf D_{FR} = 196 mm begrenzt. Die untersuchten WG-Konfigurationen sind in Tabelle 6.1 aufgeführt.

KONFIGURATION	I	II	III	IV	V
Flügelraddurchmesser D_{FR} [mm]	156				196
Zylinderhöhe H_1 [mm]*	120	140	170	220	120
Saugrohrunterkante H_2 [mm]*	145				
Schaufelunterkante H_3 [mm]*	120				
Strömungsgeschwindigkeit im Saugrohr v_s [m/s]**	1,15				
Absaugvolumenstrom $\dot{V}_{ab}$ [m³/h]	2,55				
Flügelraddrehzahlen n_{FR} [U/min]	75/87,5/100/112,5/125/137,5/150				

* bezogen auf WG-Gehäuseboden

** gemittelter Wert im Saugrohr

Tabelle 6.1:   Untersuchte Konfigurationen des Wirbelgenerators

6.3.2.1 Überlagerung der Saug- und Wirbelströmung

Der Wirbelgenerator erzeugt den Schlauchwirbel durch Überlagerung
einer Senken- und Wirbelströmung. Um den Einfluß der Senkenströmung auf das Wirbelfeld zu ermitteln, wurden getrennte Messungen
mit ausgeschalteter Saugpumpe bzw. stehendem Flügelrad durchgeführt Die Ergebnisse der Messungen sind in den Bildern 6.18 . . . 6.20
dargestellt, wobei die Ordinate im Vergleich zur Abszisse um den Faktor 4 gestreckt wurde. Die Anhäufung der Geschwindigkeitsvektoren in
der Bildmitte ist auf den verringerten Meßpunktabstand zurückzuführen.
Da die Schwankungsbewegungen des instationären Wirbelkerns in der
Größenordnung der Meßzeit lagen, können insbesondere in der Nähe

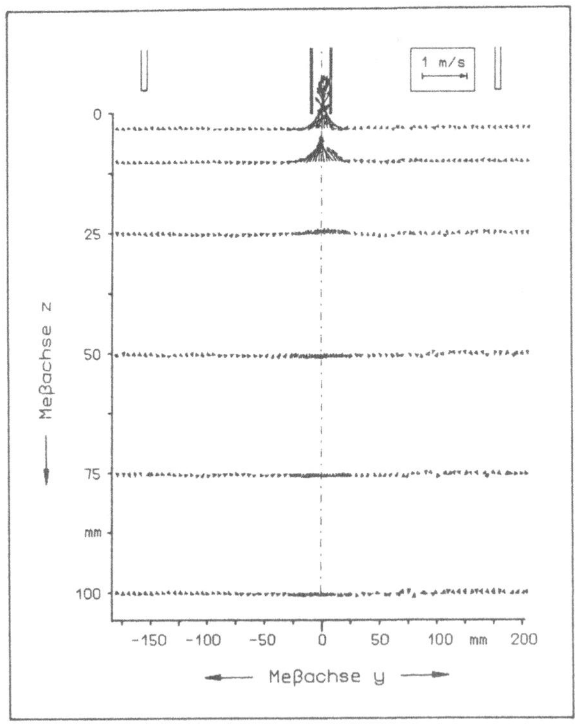

Bild 6.18:   Geschwindigkeitsfeld bei ruhendem Flügelrad
             (Konfiguration I)

der Wirbelachse Überschneidungen von Vektoren auftreten. Die Untersuchungen wurden mit der WG-Konfiguration I durchgeführt

Bei ausschließlicher Absaugung ergibt sich das charakteristische Bild
der Senkenströmung. Bereits in einer mit dem Innendurchmesser des
Saugrohres (D_i = 28 mm) vergleichbaren Entfernung ist die Strömungsgeschwindigkeit auf ca. 11 % des unterhalb des Saugrohrquerschnitts
gemessenen Wertes gesunken.

In Bild 6.19 ist das Strömungsfeld dargestellt, das bei abgeschalteter
Saugpumpe allein durch die Drehung des Flügelrades (n_{FR} = 125 U/min)
hervorgerufen wird. Das Flügelrad erzeugt entlang der Innenseite des
Plexiglaszylinders eine abwärts gerichtete Strömung, die unterhalb des

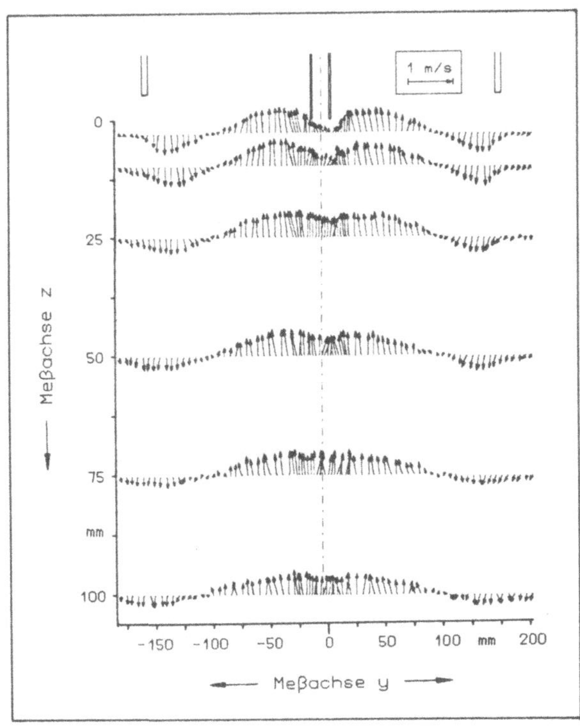

Bild 6.19:   Geschwindigkeitsfeld bei abgeschalteter Saugpumpe
               (Konfiguration I)

Zylinders das Geschwindigkeitsprofil eines Freistrahles im turbulenten Mischungsbereich annimmt. Im Zentrum des Strömungsfeldes wird eine zum Saugrohr gerichtete Strömung induziert (Kontinuitätsbedingung), deren Profil in der Nähe der Symmetrieachse von dem eines Freistrahles abweicht. Obwohl die elektrische Leistung des Antriebsmotors nur 6 % der elektrischen Leistung der Saugpumpe beträgt, liegt der Maximalwert der vertikalen Geschwindigkeitskomponente 100 mm unterhalb der Saugrohrunterkante noch bei v_z - 0,54 m/s. Dieser Wert, der vergleichbar mit der Austrittsgeschwindigkeit des Fluids unterhalb des Plexiglaszylinders ist, wurde in einem ringförmigen Bereich mit einem Radius von ca. r - 25 mm um das Wirbelzentrum gemessen. In der Nähe des Saugrohres wird dieser Effekt durch die Staupunktströmung überlagert.

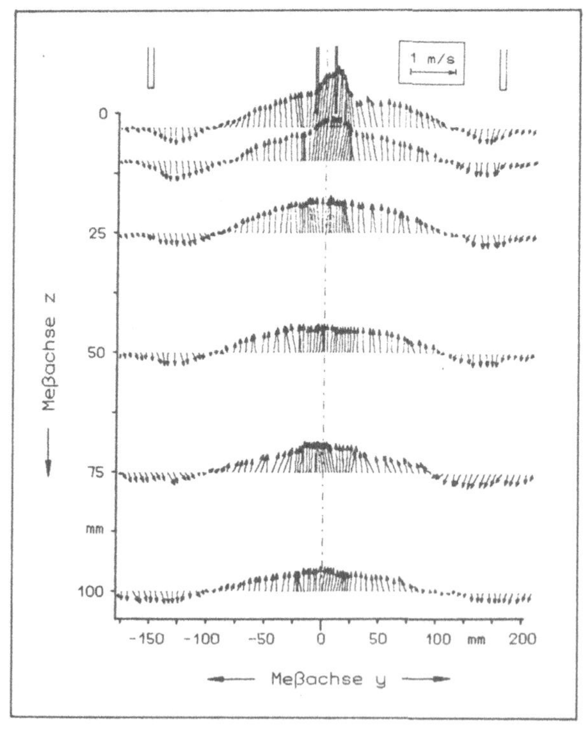

Bild 6.20: Geschwindigkeitsfeld bei eingeschalteter Saugpumpe und drehendem Flügelrad (Konfiguration I)

Die kombinierte Wirkung von Saugpumpe und Flügelrad auf das Strömungsfeld ist in Bild 6.20 dargestellt. Im Vergleich zur reinen Flügelraddrehung ist im äußeren Bereich des Strömungsfeldes eine stärkere Konvergenz feststellbar, die durch den abgesaugten Volumenstrom hervorgerufen wird.

Die vertikale Geschwindigkeitskomponente v_z nimmt in der Nähe der Wirbelachse durchgehend größere Werte als bei reiner Flügelraddrehung an, ohne daß im Wirbelzentrum selbst eine Geschwindigkeitsabnahme erfolgt. Dieser Effekt ist auf die Wirkung der Saugpumpe zurückzuführen, die innerhalb des Wirbelkerns einen Druckgradienten und somit eine vertikale Beschleunigung des Fluids hervorruft.

Die tangentiale Geschwindigkeitskomponente v_φ wurde wegen des hohen Aufwandes (vergl. 6.2.1.3) nur im inneren Bereich des Feldes gemessen. Bild 6.21 zeigt die tangentiale Geschwindigkeitsverteilung ohne und mit zugeschalteter Saugpumpe für die Meßebene z - 3 mm. Das Profil weist bei abgeschalteter Saugpumpe keine Ähnlichkeit mit dem des realen Wirbels auf, sondern entspricht näherungsweise dem der Festkörperrotation.

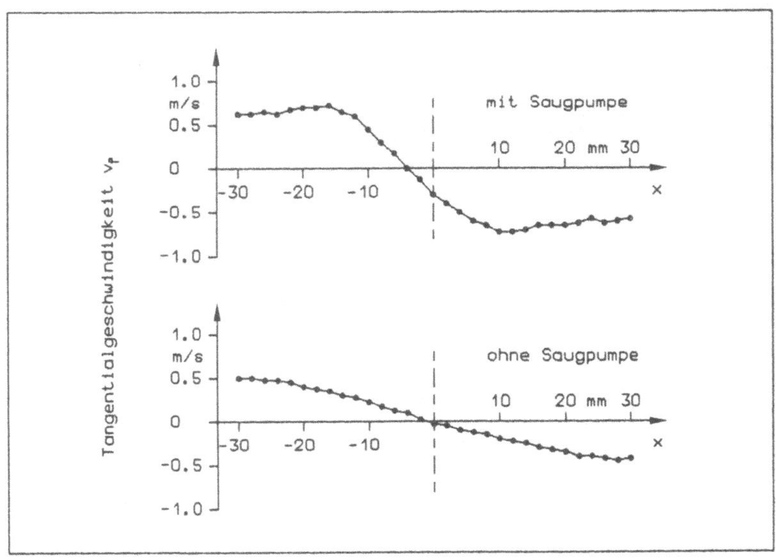

Bild 6.21:   Tangentiale Geschwindigkeitsverteilung im inneren Meßfeld bei zu- und abgeschalteter Saugpumpe (ME 3)

Bei zugeschalteter Saugpumpe ist im Bereich des Wirbelkerns eine Geschwindigkeitszunahme zu verzeichnen, die mit wachsender Entfernung vom Wirbelzentrum durch die vom Flügelrad induzierte Komponente überlagert wird. In den tiefer gelegenen Meßebenen verfälschen die turbulenten Schwankungen des Wirbelkerns die Meßergebnisse, so daß kein eindeutiges Geschwindigkeitsprofil erkennbar ist.

Wie aus den kinematographischen Untersuchungen hervorgeht, weist das Wirbelfeld den Charakter eines Schlauchwirbels auf, obwohl die tangentiale Geschwindigkeitsverteilung außerhalb des Wirbelkerns keine Ähnlichkeit mit der Geschwindigkeitsverteilung eines realen Wirbels besitzt. Die Deformation der tangentialen Geschwindigkeitsverteilung in den oberen Meßebenen, die durch das nahe der Wirbelachse angeordnete Flügelrad hervorgerufen wird, bestätigt somit die Ergebnisse der numerischen Simulation.

6.3.2.2 Vergleichende Untersuchungen an verschiedenen Konfigurationen

Die Ergebnisse der LDA-Messungen für die WG-Konfigurationen **I**, **II** und **V** sind für Flügelraddrehzahlen n_{FR} = 75 und 150 U/min. in den Bildern 6.22 bis 6.27 wiedergegeben.

Die Diagramme lassen einen Zusammenhang zwischen Flügelraddrehzahl und vertikaler Geschwindigkeitskomponente erkennen. Kleine Drehzahlen bewirken eine geringe Austrittsgeschwindigkeit am Umfang des Plexiglaszylinders, die zudem durch die turbulente Vermischung mit dem umgebenden Fluid (freie Grenzschicht) schnell abgebaut wird. Im Wirbelzentrum liegt der Betrag der vertikalen Geschwindigkeitskomponente v_z um den Faktor 3 über dem Maximalwert der Geschwindigkeit im äußeren Strömungsfeld.

Hohe Flügelraddrehzahlen führen zu insgesamt höheren Beträgen der vertikalen und radialen Geschwindigkeitskomponenten v_z und v_r. In den unteren Meßebenen ist eine stärkere Konvergenz des Feldes zu beobachten. Der Einfluß der Saugpumpe auf das vertikale Geschwindigkeitsprofil im Wirbelkern nimmt bei höheren Drehzahlen ab, da der Unterdruck im Saugrohrquerschnitt nicht mehr zu einer zusätzlichen Beschleunigung des Fluids ausreicht. Die Strömung verliert dadurch in unmittelbarer Nähe des Saugrohres den Charakter einer Senkenströmung und die Geschwindigkeitsvektoren liegen nahezu parallel $(v_r \rightarrow 0)$.

Die Bilder 6.24 und 6.25 zeigen das Strömungsfeld bei einem um 50 mm nach unten verschobenen Plexiglaszylinder. In dieser Konfiguration **II** wird das Saugrohr durch den Zylinder abgeschirmt, so daß unmittelbar unterhalb des Rohres keine Messungen mehr durchgeführt werden konnten. Die Verlängerung des Wirbelraumes bewirkt eine erhöhte Wandreibung, durch die die Austrittsgeschwindigkeit des Fluids unterhalb des Zylinders verringert wird. Bei vergleichbaren Flügelraddrehzahlen ist die vertikale Geschwindigkeitskomponente v_z stets kleiner als bei der Konfiguration **I**.

In der WG-Konfiguration **V** wurde der Flügelraddurchmesser auf D_{FR} = 196 mm vergrößert. Im Vergleich zur Konfiguration **I** erhöht sich durch diese Maßnahme die Austrittsgeschwindigkeit am Umfang des Zylinders (Bild 6.26 und 6.27). Bei gleicher Querschnittsfläche und ähnlichem Geschwindigkeitsprofil wächst dadurch der induzierte Volumenstrom und somit die vertikale Geschwindigkeitskomponente längs der Symmetrieachse des Strömungsfeldes (Kontinuität). Bei n_{FR} = 150 U/min ist die Geschwindigkeitskomponente v_z außerhalb des Saugrohres sogar größer als in dessen Querschnitt selbst. Dies führt zu einem hohen Anteil an umgewälztem und nicht abgesaugtem Volumenstrom, der bei Einsatz von Farbkontrastmitteln eine schnelle Trübung des Strömungsfeldes bewirkt.

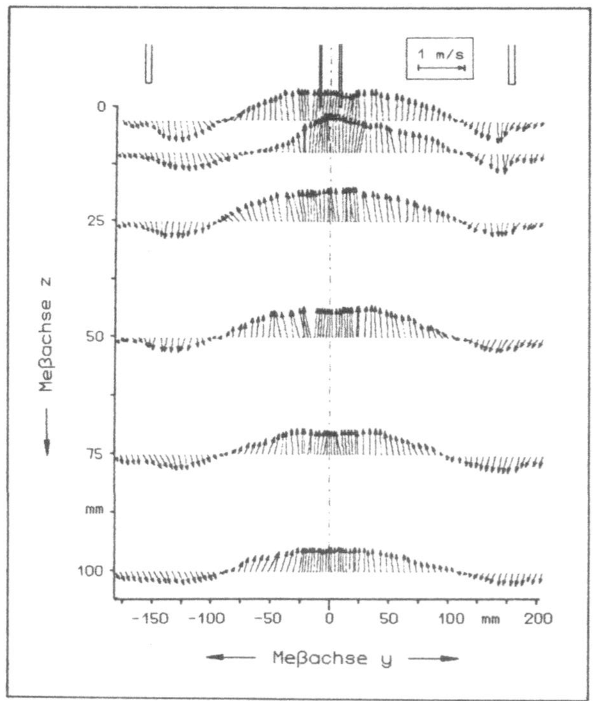

Bild 6.22: Geschwindigkeitsfeld Konfiguration I, n_{FR} = 75 U/min

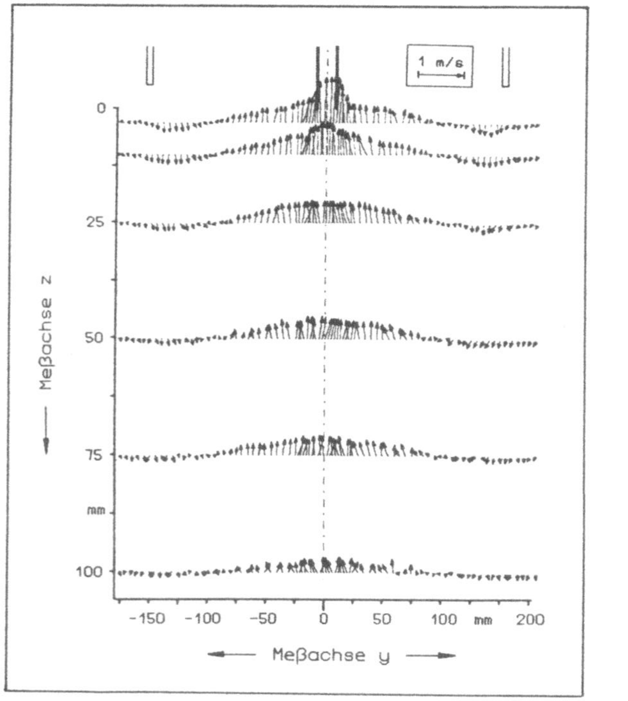

Bild 6.23: Geschwindigkeitsfeld Konfiguration I, n_{FR} = 150 U/min

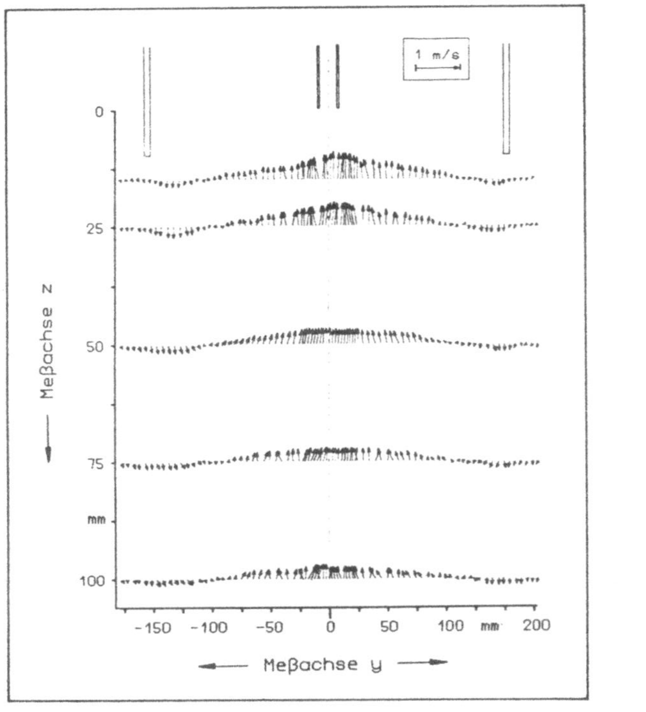

Bild 6.24: Geschwindigkeitsfeld Konfiguration II. n_{FR} = 75 U/min

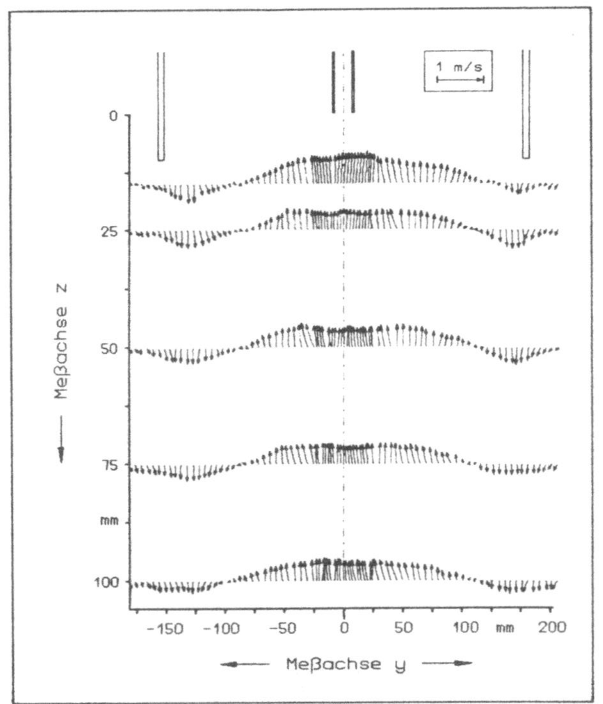

Bild 6.25: Geschwindigkeitsfeld Konfiguration II. n_{FR} = 150 U/min

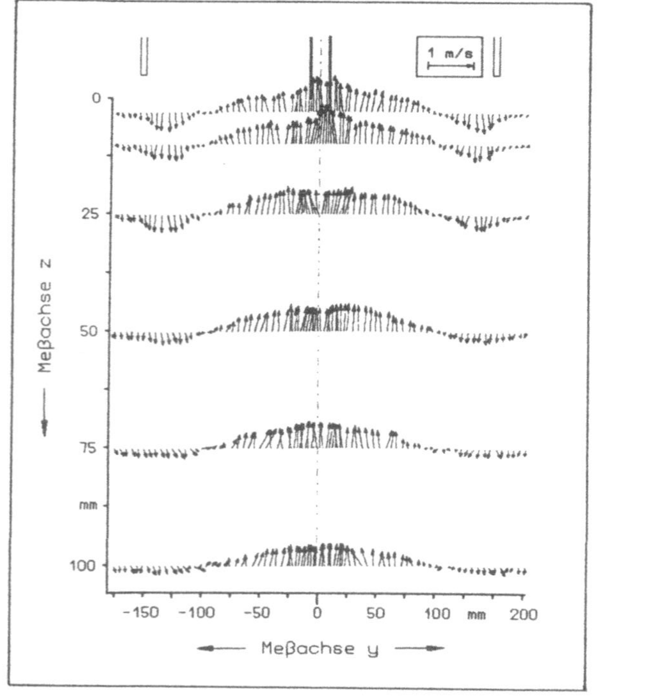

Bild 6.26: Geschwindigkeitsfeld Konfiguration **V,** n_{FR} = 75 U/min

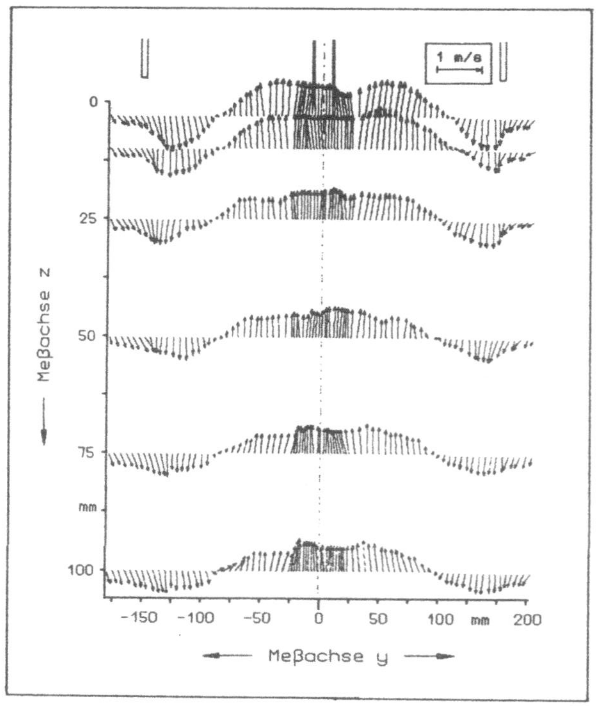

Bild 6.27: Geschwindigkeitsfeld Konfiguration **V,** n_{FR} = 150 U/min

6.3.2.3 Abschätzung der Kennzahlen

Die Definitionen der dimensionslosen Kennzahlen für die Tornadosimulatoren enthalten geometriebezogene Größen, die für das offene Strömungsfeld des Wirbelgenerators nicht unmittelbar bestimmt werden können. In diesen Simulatoren ist die Höhe h der Zuflußzone durch feste Begrenzungen vorgegeben und die Zirkulation Γ wird über den hinter einem rotierenden Drahtnetz gemessenen Austrittswinkel Θ der Luft ermittelt.

Da der begrenzte Verfahrweg der LDA-Traversiereinheit eine vollständige Untersuchung des Strömungsfeldes und somit die Messung der Zuflußhöhe nicht erlaubte, wurde jeweils die erste Meßebene unterhalb des Wirbelgenerators als Referenzhöhe gewählt. Die Ermittlung der Zirkulation Γ erfolgte über den Durchmesser D_{FR} und die Drehzahl n_{FR} des Flügelrades. Der Radius r_0 der Konvergenzzone und der vertikale Volumenstrom $\dot{V}_z$ im Kontrollgebiet wurden aus den gemessenen Geschwindigkeitsprofilen errechnet. Auf dieser Basis können für den Wirbelgenerator folgende Kennzahlen abgeschätzt werden:

Konfiguration	I		II		V	
Flügelraddrehzahl n_{FR} [U/min]	75	150	75	150	75	150
$Re_{rad} = \dfrac{\dot{V}}{\upsilon \cdot h}$	$3,5 \cdot 10^4$	$6,6 \cdot 10^4$	$3,2 \cdot 10^4$	$6,4 \cdot 10^4$	$5,3 \cdot 10^4$	$1,0 \cdot 10^5$
$S = \dfrac{r_0\,\Gamma}{2\,\dot{V}}$	1,2	1,3	1,4	1,5	1,2	1,3

Tabelle 6.2:   Dimensionslose Kennzahlen der untersuchten WG-Konfigurationen

Die Re-Zahlen der untersuchten Konfigurationen liegen somit innerhalb des Bereiches von $Re_{rad} = 4{,}1 \cdot 10^3 \ldots 1{,}2 \cdot 10^5$, der für die Tornadosimulatoren ermittelt wurde, während die Drallzahlen das obere Spektrum der Tornadosimulatoren abdecken.

Das Konfigurationsverhältnis a ist als dritte dimensionslose Kennzahl ohne Kenntnis der Zuflußhöhe h für den Wirbelgenerator nicht zu ermitteln.

6.3.2.4   Bewertung der Ergebnisse

Aus den Ergenissen der LDA-Messungen geht hervor, daß die Struktur des Wirbelfeldes im wesentlichen durch

- die Länge des äußeren Zylinders,
- die Flügelraddrehzahl
- und den Flügelraddurchmesser

bestimmt wird. Jede dieser Komponenten beeinflußt in unterschiedlicher Stärke

- die Geschwindigkeit und Reichweite des Ringstrahls
- die Zirkulation im Strömungsfeld
- und die vertikale Geschwindigkeit im Wirbelzentrum.

Die Reichweite des äußeren Ringstrahls wirkt in zweifacher Hinsicht auf das Wirbelfeld. Zum einen wird durch den Ringstrahl das innere Wirbelfeld von der Umgebung abgeschirmt und stabilisiert, zum anderen begrenzt der Ringstrahl die Höhe der Zuflußzone und bestimmt somit die radiale Zuflußgeschwindigkeit in diesem Gebiet. Bei den WG-Konfigurationen I und V treten für alle Flügelraddrehzahlen höhere Geschwindigkeiten innerhalb des Ringstrahles auf als in der Konfiguration II, deren Wirbelraum durch Verschieben des Plexiglaszylinders um 20 mm verlängert wurde. Bei dieser Konfiguration reduziert die höhere Wandreibung die Austrittsgeschwindigkeit unterhalb der Haube und vermindert dadurch die Reichweite des Ringstrahls.

Mit zunehmender Drehzahl wächst bei allen WG-Konfigurationen auch der vom Flügelrad geförderte Volumenstrom. Der höhere Volumenstrom vergrößert die Breite und Mittengeschwindigkeit des Ringstrahls und infolgedessen auch seine Reichweite. Im gleichen Maße wie im äußeren Ringstrahl nimmt der Volumenstrom auch im inneren Wirbelfeld zu. Da die Förderleistung der Saugpumpe innerhalb der Versuchsreihe nicht verändert wurde, bewirkt der höhere Volumenstrom eine

Zunahme der vertikalen Zirkulation im Feld, die sich durch eine stärkere Umwälzung des Fluids bemerkbar macht. Mit wachsender Drehzahl des Flügelrades wird dadurch ein geringer werdender Anteil des Volumenstroms vom Saugrohr aufgenommen, so daß eine zunehmende Vermischung des inneren und äußeren Wirbelfeldes eintritt. Versuche mit Anfärbung des Wassers zeigten, daß bei hohen Drehzahlen bereits nach wenigen Sekunden das Wirbelfeld vollständig durchgefärbt war und Farblösung aus der Mischungszone des Ringstrahls austrat.

Um eine hohe Geschwindigkeit und Reichweite des Ringstrahls zu erreichen ohne gleichzeitig die Umwälzung des Fluids im Wirbelraum wesentlich zu erhöhen, hat es sich als zweckmäßig erwiesen, einen großen Flügelraddurchmesser zu wählen. Ein Vergleich der Geschwindigkeitsprofile von Konfiguration I bei n = 150 U/min und Konfiguration V bei n = 75 U/min zeigt, daß sich in den oberen Meßebenen die maximale Geschwindigkeit im Ringstrahl kaum unterscheidet, die Strahlbreite in der Konfiguration V aber um ca. 25 % geringer ist als in Konfiguration I. Auf gleiche Drehzahlen bezogen, führt die Vergrößerung des Flügelraddurchmessers bei lediglich geringer Volumenstromzunahme im Ringstrahl und innerem Wirbelfeld zu einer wesentlichen Erhöhung der Geschwindigkeit im Ringstrahl und somit zu einer besseren Abschirmung und geringeren Durchmischung des Wirbelfeldes.

Bei hohen Drehzahlen bewirkt der große Flügelraddurchmesser in Konfiguration V, daß die Geschwindigkeitsgradienten in der Scherzone zwischen äußerem Ringstrahl und innerem Wirbelfeld größer werden. Stärker als bei Konfiguration I tritt hier zutage, daß ein großer Teil des Fluids am Saugrohr vorbeiströmt und wieder in den Ringstrahl gelangt.

Für die Auslegung des SH-Experimentalmodells sind somit einige wichtige Schlußfolgerungen zu ziehen:

- Um die vertikale Zirkulation und die Durchmischung des inneren und äußeren Wirbelfeldes zu verringern, muß die Wirbelerzeugung auf rein strömungstechnischem Weg (z. B. Drallströmung) ohne rotierende Widerstandskörper erfolgen.

- Die Einbringung des tangentialen Impulses muß in größtmöglicher Entfernung vom Saugrohr erfolgen, um die Schergeschwindigkeit zwischen innerem und äußerem Wirbelfeld klein zu halten.

- Eine hohe Austrittsgeschwindigkeit unterhalb des Zylinders erhöht die Reichweite und die Abschirmwirkung des Ringstrahls.

- Der Absaugvolumenstrom muß so groß gewählt werden, daß das im Wirbelzentrum aufsteigende Fluid vollständig vom Saugrohr aufgenommen wird.

- Niedrige Drallzahlen verringern zwar die Reichweite des Ringstrahls, vermindern aber vor allem die Vermischung des inneren und äußeren Wirbelfeldes und sind somit vorteilhaft für den Schadstofftransport im Wirbelfeld.

7 Experimentelle Untersuchungen an einer Saughaube

7.1 Experimenteller Aufbau

7.1.1 Aufbau und Funktion der Saughaube

Für die Entwicklung der Saughaube wurden die Ergebnisse der numerischen Simulation und der Voruntersuchungen am Modell des Wirbelgenerators zugrundegelegt. Entsprechend den in Kapitel 4 aufgestellten Anforderungen lag der Entwicklungsschwerpunkt auf der Erzielung einer weitreichenden Saugwirkung, verbunden mit hoher Erfassungsgeschwindigkeit und geringem Abluftvolumenstrom. Diese Eigenschaften lassen sich nur mit einer turbulenzarmen, stabilen Luftströmung unterhalb der Saughaube erreichen. Voraussetzung dafür ist die gleichmäßige Geschwindigkeitsverteilung der abwärtsgerichteten Drallströmung am Rande des Wirbelfeldes und deren räumliche Trennung von der Senkenströmung des Saugrohres. Für die Erzeugung der Drallströmung wurde deshalb eine rein strömungstechnische Lösung ohne rotierende Widerstandskörper bevorzugt.

Die konstruktive Auslegung der Saughaube erfolgte unter den Gesichtspunkten einer rationellen Fertigung und entsprechend den Anforderungen der betrieblichen Praxis. Die Drallströmung wird durch tangentiales Einleiten von Zuluft in eine zylinderförmige Druckkammer erzeugt und tritt über einen Ringspalt am Umfang der Saughaube aus. Zur Vermeidung hoher Schergeschwindigkeiten werden Zu- und Abluft durch eine Leitfläche zwischen Saugrohr und Ringspalt getrennt, die die Entwicklung energiereicher Wirbelballen im Strömungsfeld reduziert.

Die geometrischen Abmessungen der Saughaube entsprechen weitgehend denen des optimierten numerischen Simulationsmodells, ebenso wie die strömungstechnische Auslegung bezüglich Drallzahl und Volumenstromverhältnis. Die Saughaube besteht aus einem zentral angeordneten Saugrohr mit 140 mm Durchmesser, das unter einem Winkel von 20° in eine kegelstumpfförmige Leitfläche mit einem größten Durchmesser von 480 mm übergeht. Der Winkel zwischen Saugrohr und Leitfläche entspricht dem Haubenöffnungswinkel α, der bei konventionellen, runden Saughauben mit $\alpha = 20°$ im Bereich des geringsten Widerstandsbeiwertes $\zeta = 0,1$ liegt (vergl. Kap. 2.2). Um das Saugrohr herum ist eine Drallkammer mit 200 mm Durchmesser angeordnet, die unter einem Winkel von 28° mit einem kegelstumpfförmigen Mantel von 500 mm Durchmesser verbunden ist. Der Mantel wird durch einen 30 mm hohen Leitring abgeschlossen (Bild 7.1).

Um eine gleichmäßige Verteilung der Zuluft im Auslaßringspalt zu gewährleisten, wurden Untersuchungen mit verschiedenen Einbauelementen durchgeführt. Die besten Ergebnisse wurden mit einer ringförmigen Stauscheibe um das Saugrohr erzielt, die den Druck in der Drallkammer erhöhte und somit für einen gleichmäßigen Luftaustritt am Ringspalt sorgte.

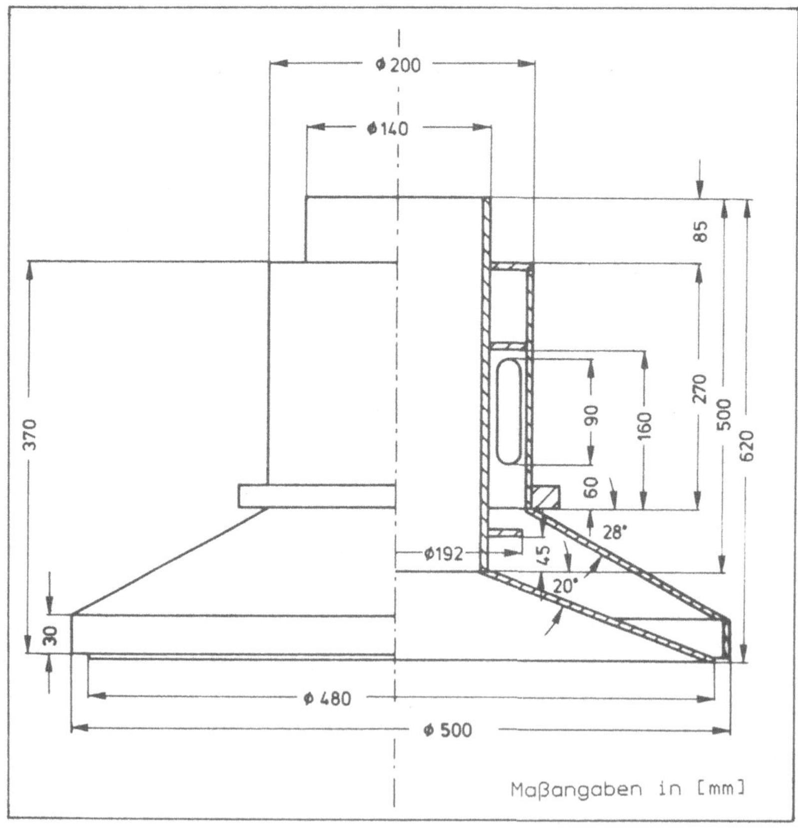

Bild 7.1:   Saughaube - Experimentalmodell

Bild 7.2:   Saughaube mit ausgezogenem Saugrohr, Leitfläche
und Stauscheibe sichtbar

7.1.2   Versuchsanordnung

Für die experimentellen und meßtechnischen Untersuchungen wurde
die Saughaube frei über einem ebenen, quadratischen Tisch mit einer
Seitenlänge von 1,5 m angeordnet, dessen Höhe stufenlos einstellbar
war. Sowohl auf der Zuluft- als auch auch auf der Abluftseite der
Saughaube wurden Radialgebläse verwendet, denen mechanische
Drosseln zur Steuerung des Volumenstroms vor- bzw. nachgeschaltet
waren. Die Volumenstrommessungen erfolgten über zwei geeichte
Meßstrecken mit Flügelradanemometern.

Die Streuteilchen für die LDA-Messungen wurden in Form eines weißen Pulvers (Titan (IV)-oxid) über einen druckluftgespeisten Teilchengenerator direkt in die Drallkammer der Saughaube zugemischt, so daß über den Auslaßringspalt eine gleichmäßige Verteilung im Strömungsfeld erfolgte. Bild 7.3 zeigt schematisch den Aufbau der Versuchsanordnung.

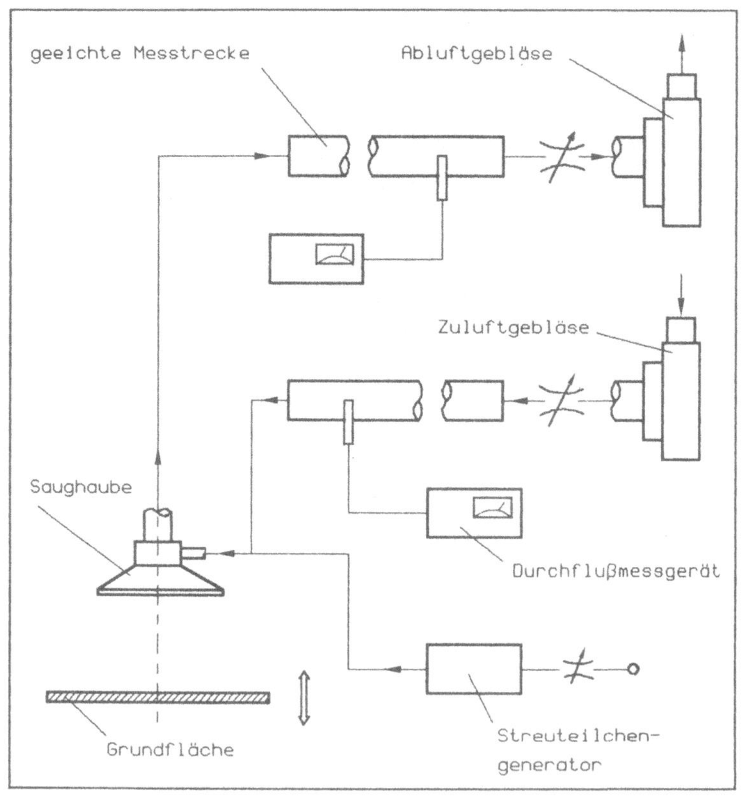

Bild 7.3:   Schematische Darstellung der Versuchsanlage

7.2 Aufbau und Funktion der Meßeinrichtungen

7.2.1 LDA-Meßaufbau

Das Strömungsfeld wurde mit einem prozeßrechnergesteuerten LDA untersucht, dessen mechanischer und optischer Aufbau auf die Messung in freien Strömungen ausgelegt war /59, 60/. Als Lichtquelle diente ein 4 Watt-Argon-Ionen Dauerstrichlaser, der auf der Wellenlänge $\lambda = 514,5$ nm (grün) mit einer maximalen Leistung von 1,3 Watt arbeitete. Laser und Einkomponentenoptik waren gemeinsam auf einer senkrecht angeordneten Grundplatte übereinander montiert und justiert. Die Grundplatte konnte durch eine von drei Schrittmotoren angetriebene Traversiereinheit mit einer Schrittweite von 0,1 mm in allen drei räumlichen Achsen um 1000 mm verfahren werden. Zentraleinheit des Meßsystems war ein PDP 11/23 Prozeßrechner, der über ein Terminal am Meßplatz bedient wurde. Über den Rechner wurden die Schrittmotoren angesteuert, die Meßwerte, d. h. die Doppler Bursts selektiert, ausgewertet und über einen Plotter in Form von Geschwindigkeitsvektoren dargestellt.

Das LDA-Meßsystem arbeitete nach dem Rückwärtsstreuverfahren, wobei der in die Optik integrierte Photomultiplier über eine Lochblende auf das Meßvolumen justiert wurde. Das analoge Meßsignal des Photomultipliers wurde durch eine automatische Filterbank aufbereitet, so daß Störungen unterhalb und oberhalb der Dopplerfrequenz vom eigentlichen Meßsignal getrennt werden konnten.

Die Digitalisierung und Speicherung der Doppler Bursts erfolgte über einen Transientenrecorder (Biomation 6500). Dieser arbeitete intern mit einer Samplingrate von 500 MHz bei 6 bit Auflösung, so daß auch hochfrequente Vorgänge bzw. hohe Geschwindigkeiten gemessen werden konnten. Aufnahmebereitschaft und Datenübergabe des Transientenrecorders wurden während des Meßvorgangs durch den Prozeßrechner gesteuert. Zur Kontrolle der Signalgüte wurde der Speicherinhalt des Transientenrecorders auf einem Oszilloskop dargestellt.

Die Auswertung der Meßsignale erfolgte durch den Prozeßrechner nach einem vorgegebenen Programm, wobei bestimmte Kriterien für die Gültigkeit eines Meßsignals zugrunde gelegt wurden. Die berechneten Geschwindigkeitswerte wurden zusammen mit den Ortskoordinaten auf einem Massenspeicher abgelegt, ausgedruckt und über einen Plotter in Form von Geschwindigkeitsvektoren (zweidimensionale Darstellung) aufgezeichnet. Das Blockdiagramm und die Gesamtansicht des LDA-Meßsystems sind in den Bildern 7.4 und 7.5 dargestellt.

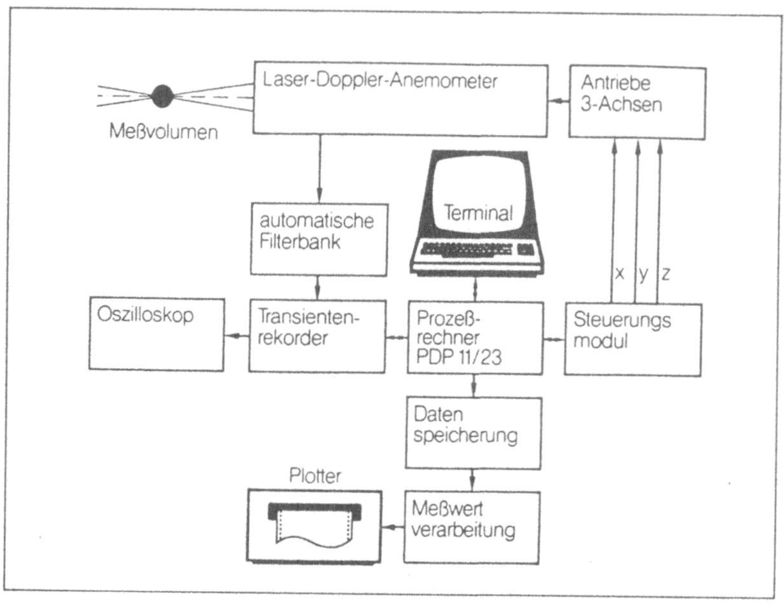

Bild 7.4:   Blockdiagramm des LDA-Meßsystems

Die Streuteilchen für die LDA-Messungen wurden über die Zuluft der Saughaube störungsfrei in das Strömungsfeld eingebracht. Da sie aufgrund ihres geringen Durchmessers ($D_s \approx 1 \dots 3$ µm) nahezu trägheitslos der Luftströmung folgten /61/, stellte sich in der äußeren Mischungszone des Wirbelfeldes ein Mangel an detektierbaren Teilchen ein, der die Breite des Meßfeldes auf $B_M = 0{,}56$ m begrenzte. Geringe Teilchenkonzentrationen traten auch in der Grenzschicht der Zuflußzone auf, in der Umgebungsluft zum Wirbelzentrum fließt. Zur Vermeidung von Fehlmessungen wurden die Untersuchungen deshalb erst oberhalb einer Höhe von 50 mm über der Arbeitsfläche durchgeführt.

Die Anzahl der erforderlichen Einzelmessungen zur Bildung der Geschwindigkeitsmittelwerte hängt wesentlich von dem Turbulenzgrad der Strömung ab. Messungen in Tornadosimulatoren haben ergeben, daß

bei einer Drallzahl von S = 0,62 der Turbulenzgrad $Tu = \overline{(v'2)}^{\frac{1}{2}}/v_\infty$
im äußeren Wirbelfeld kleiner als 5 % ist, innerhalb des Wirbelkerns
aber bis auf 40 % ansteigt und bei Rückströmung im Kern diesen Wert
auch überschreiten kann /41/. Nach Gl. 6.1 muß deshalb die Zahl der
detektierbaren Streuteilchen für den Wirbelkern mindestens $N \geq 173$
betragen, wenn die mittlere Geschwindigkeit $\bar{v}$ des Fluids mit 90 %
Wahrscheinlichkeit um weniger als $\sigma = 5\,\%$ von der gemessenen Parti-
kelgeschwindigkeit abweichen soll. Für den Bereich außerhalb des
Wirbelkerns sind bei sonst gleichen Annahmen nur $N \geq 3$ Einzelmessungen erforderlich. Da die freie Grenzschicht des äußeren Wirbelfeldes aber eine Erhöhung des Turbulenzgrades bewirkt, wurde die Zahl
der Einzelmessungen pro Meßpunkt mit N = 200 für den Wirbelkern und
N = 30 für den Außenbereich des Strömungsfeldes festgelegt.

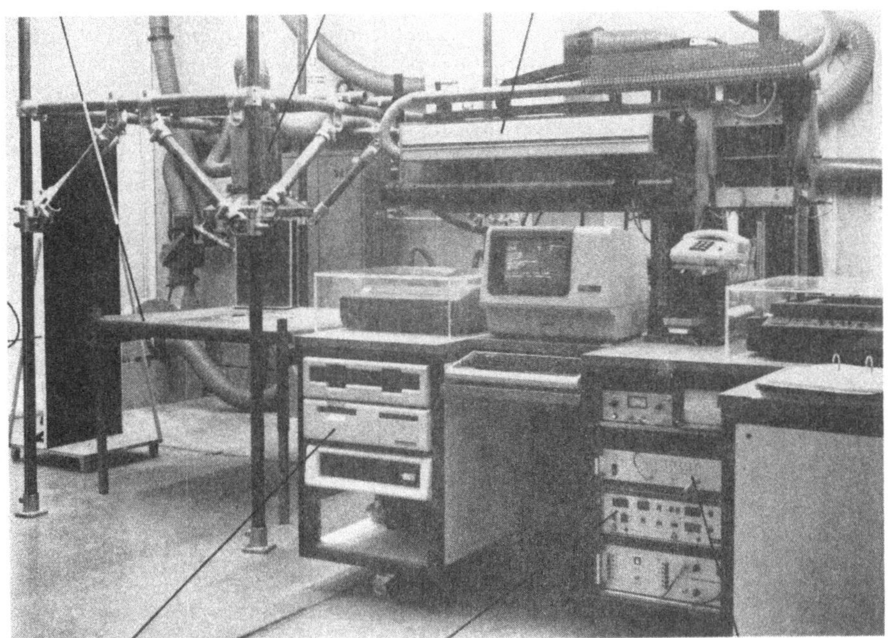

Bild 7.5:   Gesamtansicht des Meß- und Versuchsaufbaus

7.2.2 Holographische Versuchsanordnung

7.2.2.1 Meßaufbau

Die Druckverteilung im Bereich des Wirbelzentrums wurde mit einem holographischen 2-Referenzstrahlverfahren mit rechnergestützter Auswertung der Phasenhologramme gemessen. Bei diesem Verfahren werden nacheinander zwei verschiedene Zustände des Testobjektes durch holographische Belichtung auf der gleichen Fotoplatte aufgenommen. Eine eingehende Beschreibung des Meßverfahrens findet sich in /54/. Die Aufnahme und die Digitalisierung der Interferogramme erfolgte in den Labors der M.A.N. - Neue Technologie, München /62/, während die Auswertung der Interferogramme hinsichtlich Dichte- und Druckverteilung im Strömungsfeld am IPA durchgeführt wurde.

Die Anwendung des Meßverfahrens zur Ermittlung der Druckverteilung setzt voraus, daß keine temperaturbedingten Änderungen des Brechungsindexes n im Strömungsfeld auftreten. Zur Vermeidung von Temperaturdifferenzen zwischen der vom Gebläse erwärmten Zuluft und der angesaugten Raumluft wurde die Saughaube in einem geschlossenen Hohlzylinder (R_i - H_i - 0,5 m) angeordnet, der eine frontseitige Öffnung für den holographischen Strahlengang aufwies. Die Volumenstromdifferenz zwischen Zu- und Abluft wurde über zusätzliche, ebenfalls vom Zuluftgebläse versorgte Luftauslässe an der Innenseite des Zylinders ausgeglichen.

Das in /54/ beschriebene 2-Referenzstrahlverfahren liefert Durchlichthologramme eines transparenten Objektes. Bei diesem Verfahren ist es erforderlich, die Diffusorscheibe und das Hologramm hinter dem Objekt anzuordnen. Im vorliegenden Falle mußten beide optischen Komponenten innerhalb des Hohlzylinders untergebracht werden, obwohl dies eine Störung des Strömungsfeldes verursachte. Diese Störung ist in den ausgewerteten Diagrammen in Form turbulenzbedingter Druckspitzen und einer unsymmetrischen Druckverteilung zu erkennen.

Aufgrund der hohen Strömungsgeschwindigkeit in der Meßstrecke schieden Dauerstrichlaser als Lichtquelle aus. Vorversuche ergaben, daß die Verschlußzeit der holographischen Kamera mit t - 1/1000 s zu lang war, um die Abbildung des Hologramms zu gewährleisten. Als Lichtquelle wurde deshalb ein Impuls-Rubinlaser (Q-switched) mit einer Pulsdauer von ca. 10 ns verwendet. Durch die vorgegebenen optischen Komponenten war die zu untersuchende Fläche im Strömungsfeld auf 120 x 120 mm begrenzt, so daß lediglich Ausschnitte im Bereich des

Wirbelkerns, nicht aber das ganze Wirbelfeld zusammenhängend abgebildet werden konnte. Bild 7.6 zeigt den Aufbau der Meßanordnung.

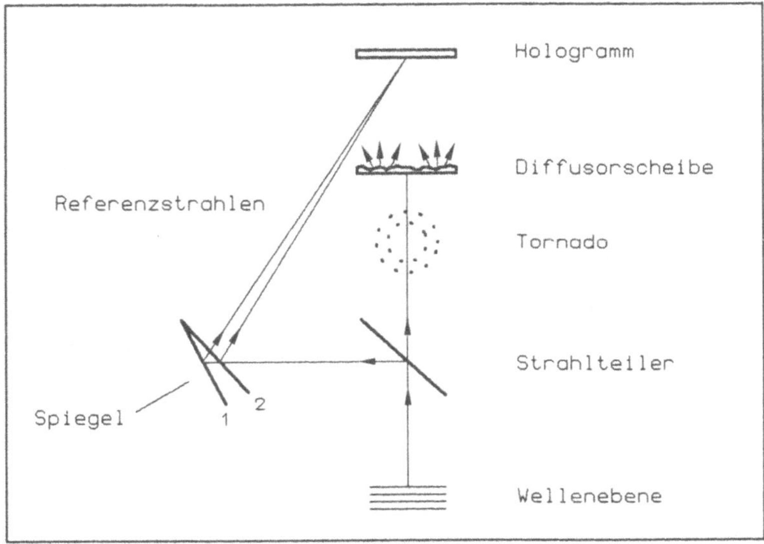

Bild 7.6:   Holographische Meßanordnung

7.2.2.2   Auswertung der Hologramme

Im folgenden wird ein kurzer Überblick über das Bildauswerteverfahren gegeben. Eine eingehende Beschreibung des Verfahrens wird in /53/ gegeben.

Die mit der in Bild 7.6 dargestellten Versuchsanordnung aufgenommenen Hologramme wurden mit einem rechnergestützten Auswertesystem zur Interferenzstreifenerkennung verarbeitet. Dazu wurden die Interferogramme in Bilder mit 256 Zeilen x 256 Spalten digitalisiert. Die gemessene Interferenzphase wird durch den Grauwert jedes einzelnen Bildpunktes dargestellt. Die Werteskala umfaßt 256 Graustufen entsprechend einer Digitalisierung mit 8 bit. Jede Bildzeile stellt einen Schnitt durch das Meßfeld in der entsprechenden Höhe dar. Ein Bild mit 256 Zeilen und 256 Spalten erfaßt eine Fläche von 12 x 12 cm im Meßfeld.

Die Interferenzphase setzt sich aus einem variablen apparativen Hintergrund und der eigentlichen, von der Dichteänderung im Meßfeld erzeugten Phasenverschiebung zusammen (Bild 7.7). Der quantitative Zusammenhang zwischen Dichteänderung bzw. der daraus folgenden Änderung des Brechungsindex und der Phasenverschiebung wird durch die Abel´sche Gleichung gegeben /54/.

Aus der berechneten Dichteverteilung läßt sich mit Hilfe der Isentropengleichung

$$\frac{p_1}{\rho_1{}^x} \cdot \frac{p_2}{\rho_2{}^x} \tag{8.1}$$

die Druckverteilung im Meßfeld ermitteln.

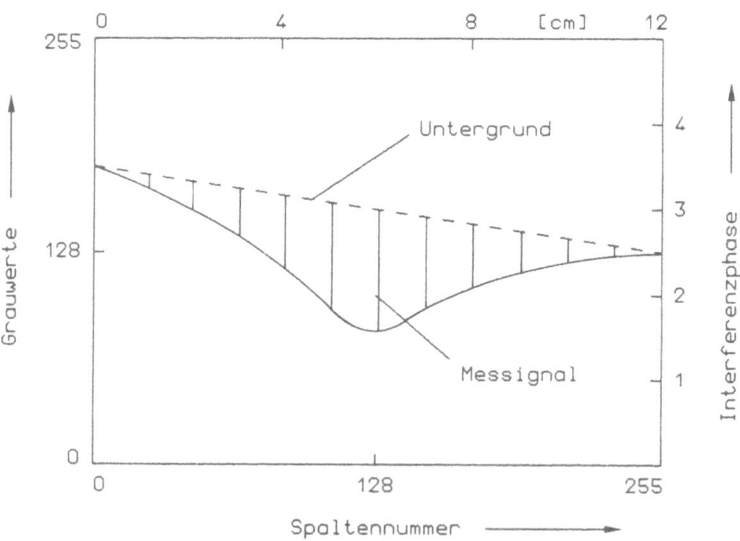

Bild 7.7:   Zusammensetzung der Interferenzphase

7.3   Versuchsergebnisse

7.3.1   Optimierung der Versuchsanordnung

Die Grundeinstellung des Versuchsaufbaus für die experimentellen Untersuchungen wurde anhand der Ergebnisse der numerischen Simulation (Kap. 5) vorgenommen. Die Optimierung des Zu-/Abluftvolumenstromverhältnisses erfolgte über eine visuelle Beurteilung des Strömungsfeldes, das mit Hilfe eines Schwefelsäure-Aerosols sichtbar gemacht wurde. Bild 7.8 zeigt die Anordnung der Saughaube über der Arbeitsfläche.

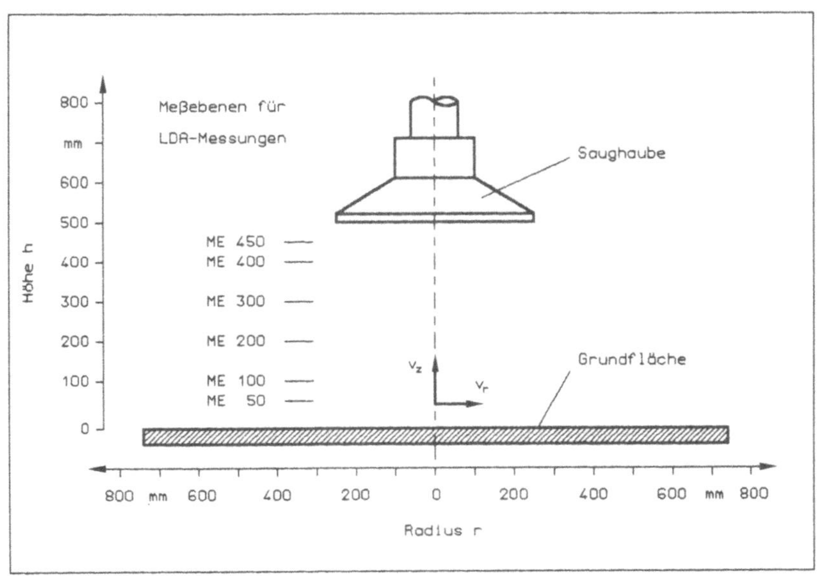

Bild 7.8. Versuchsaufbau für experimentelle Untersuchungen

Die lichte Höhe zwischen Saughaube und Arbeitsfläche stellt einen Kompromiß zwischen Stabilität des Wirbelfeldes und Zugänglichkeit zur Arbeitsfläche dar. Bei größerem Abstand machen sich Raumlufteinflüsse bemerkbar, die zu einer Fluktuation des Wirbelkerns führen können. Für die meßtechnischen Untersuchungen wurde die Saughaube in einer Höhe von H = 500 mm über der Arbeitsfläche angeordnet.

Das Verhältnis zwischen Zu- und Abluft kann für die Saughaube in einem weiten Bereich frei gewählt werden, ohne daß sich die Struktur des Wirbelfeldes wesentlich verändert. Bei sehr niedrigem Zuluftvolumenstrom $\dot{V}_{zu} < 30$ m³/h ist aber die tangentiale Geschwindigkeitskomponente v_{φ} zu gering, um die Drallströmung und somit das Wirbelfeld zu erhalten. Bei sehr hohem Zuluftvolumenstrom $\dot{V}_{zu} > 250$ m³/h nimmt dagegen die Turbulenz im Strömungsfeld zu und ruft Schwankungen des Wirbelkerns hervor.

Um einen Schadstoffaustritt am Rande des Wirbelfeldes zu vermeiden, muß stets gelten· $\dot{V}_{ab} > \dot{V}_{zu}$. Unter Berücksichtigung dieser Vorgaben wurden die Zu- und Abluftgrenzwerte für die Saughaube wie folgt ermittelt.

Zu-/Abluftverhältnis	$\dot{V}_{zu} / \dot{V}_{ab}$ - 30 ... 80 %
Abluftvolumenstrom	$\dot{V}_{ab}$ - 120 ... 250 m³/h
Zuluftvolumenstrom	$\dot{V}_{zu}$ - 36 ... 200 m³/h

Tabelle 7.1: Volumenstromgrenzwerte

Für die experimentellen Untersuchungen wurde folgende Einstellung gewählt:

Zu-/Abluftverhältnis	$\dot{V}_{zu} / \dot{V}_{ab}$ - 55 %
Abluftvolumenstrom	$\dot{V}_{ab}$ - 145 m³/h
Zuluftvolumenstrom	$\dot{V}_{zu}$ - 80 m³/h

Tabelle 7.2: Optimiertes Volumenstromverhältnis

Diese Werte erwiesen sich als guter Kompromiß zwischen Saugwirkung (Erfassungsgeschwindigkeit), Stabilität des Wirbelfeldes und Luftdurchsatz (Energieverbrauch). Bild 7.9 zeigt die Ausbildung des Wirbelkerns bei diesen Volumenstromverhältnissen.

Bild 7.9:   Saughaube mit optimiertem Volumenstromverhältnis

7.3.2   Kinematographische Untersuchungen

Die Sichtbarmachung des Strömungsfeldes war mit der Zielsetzung
verbunden:

- das Anlaufverhalten des Wirbelfeldes zu veranschaulichen,
- die Struktur des Wirbelkerns und seine Abmessungen zu bestimmen,
- den Verlauf der Stromlinien in der Bodengrenzschicht sichtbar zu machen,
- sowie besondere Effekte, wie die kernnahe Rückströmung
  und den Wirbelzusammenbruch, darzustellen.

Die Untersuchungen dienten gleichzeitig zum Nachweis des Transportverhaltens der Wirbelströmung für Rauchgase mit einem höheren spezifischen Gewicht als Luft. Darüberhinaus wurden die photographischen Aufnahmen zur Interpretation der LDA-Messergebnisse verwendet.

Für die Sichtbarmachung der Strömung wurden Dräger-Strömungsprüfröhrchen auf der Basis von Schwefelsäure-Aerosol verwendet. Zur Darstellung der Wirbelkernstruktur wurde ihr Inhalt in Form eines feinkörnigen Granulats unmittelbar auf der Arbeitsfläche im Bereich des Wirbelzentrums verteilt.

7.3.2.1 Entwicklung des Wirbelfeldes

Die folgende Bildreihe zeigt die Entwicklung des Wirbelfeldes aus einer reinen Saugströmung, wie sie bei konventionellen Saughauben gegeben ist. In Bild 7.10 arbeitet das Saugluftgebläse mit einem Fördervolumenstrom von $\dot{V}_{ab}$ - 145 m^3/h bei abgeschaltetem Zuluftgebläse. Die Strömung unterhalb der Saughaube ist durch eine breit aufsteigende Rauchsäule mit konvektivem Charakter gekennzeichnet, die durch die Raumluftströmung seitlich versetzt wird. Aus einer laminaren Anlaufströmung entwickelt sich unter dem Einfluß der Störung eine turbulente Strömung, die nur teilweise von der Saugöffnung aufgenommen wird. Bei der Beurteilung des Strömungsbildes muß berücksichtigt werden, daß die Saughaube in dieser Betriebsart einer freien Saugöffnung mit Flansch gleichkommt, da der Saugrohrdurchmesser wesentlich kleiner als der Durchmesser der Saughaube ist. Während die mittlere Strömungsgeschwindigkeit im Saugrohr $\bar{v}_s$ - 2,5 m/s beträgt, verringert sie sich nach Tab. 2.1 in einer Entfernung von 0,5 m vom Saugrohrquerschnitt auf $v_z \simeq 0,02$ m/s. Die Erfassungsgeschwindigkeit im Bereich der Arbeitsfläche ist somit viel zu niedrig und für einen Schadstofftransport nicht ausreichend.

Die folgenden Bilder zeigen das Strömungsfeld bei zugeschaltetem Zuluftgebläse. Die Zeit, die das Wirbelfeld zum Aufbau benötigt, wird im wesentlichen durch das Anfahren des Gebläses bestimmt. In Bild 7.11 ist der Übergang von einer reinen Saugströmung zu einer Wirbelströmung abgebildet. Bei beginnender Rotation des Strömungsfeldes, die am oberen rechten Bildrand im Bereich des Zuluftringspaltes durch die Rauchgase sichtbar wird, entwickelt sich ein spiralförmig aufgerollter Wirbelkern (Helix) mit einem strukturell noch wenig ausgebildeten Fußpunkt. Die Konzentration des Wirbelkerns beginnt in der Nähe des Saugrohres und setzt sich zur Arbeitsfläche hin fort. Die Struktur des unteren Kernbereiches läßt Anzeichen eines Mehrfachwirbelsystems erkennen (vergl. 3.2.4.5), das in dieser Übergangsphase der Strömung auch verschiedentlich beobachtet werden konnte.

Mit zunehmendem tangentialen Impuls im Strömungsfeld entwickelt sich ein konzentrierter Wirbelkern, der den Bereich zwischen Saugrohr und Arbeitsfläche vollständig ausfüllt (Bild 7.12). Der zentrale Kern ist von einer dünnen Zone spiralförmig aufsteigender Strömung umgeben, die aus der noch unvollständig ausgebildeten Kernstruktur oberhalb der Arbeitsfläche hervorgeht. Die Grenzschicht am Boden weist aber bereits die charakteristischen Merkmale einer Ekmanschicht mit spiralförmig zum Wirbelzentrum verlaufenden Vorticitylinien auf, die ebenso wie die beginnende Einschnürung des Fußpunktes ein Zeichen für den wachsenden radialen und tangentialen Impuls der zum Kernzentrum vordringenden bodennahen Zuflußschicht ist. Die Aufnahme läßt auch erkennen, daß sich der Wirbelknoten noch in Entwicklung befindet und auf dem Boden aufliegt.

Bild 7.13 zeigt die voll ausgebildete Kernstruktur. Die Einschnürung des Fußpunktes hat sich fortgesetzt und zu einem Ablösen des Wirbelknotens vom Boden geführt Aus der Höhe des Knotens über der Arbeitsfläche läßt sich die Dicke der Zuflußschicht mit ca. 6 . . . 8 mm ermitteln. Oberhalb des Knotens existiert eine Zone erhöhter Turbulenz, die den zentralen Kern bis zu ca. 2/3 seiner Höhe umschließt. Mit fortschreitender Annäherung an das Saugrohr verringert sich der Durchmesser des Wirbelkerns als Folge des abnehmenden statischen Druckes, der eine vertikale Beschleunigung des Fluids hervorruft.

In den Bildern 7.15 und 7.16 hat sich ein stationärer Zustand des Wirbelfeldes eingestellt, wobei die Kernstruktur durch die nachlassende Rauchkonzentration stärker in den Vordergrund tritt. Aus der Bildfolge ist zu sehen, daß die Störungen durch die Raumluft nur geringfügige Fluktuationen des Wirbelkerns hervorrufen, die Kernstruktur selbst aber erhalten bleibt. Im Gegensatz zur reinen Absaugung (Bild 7.10) wird bei mäßigen Raumluftgeschwindigkeiten der Schadstofftransport nicht beeinträchtigt.

Von links nach rechts beginnend:

Bild 7.10: Reine Saugströmung
(Raumluft-Querkom-
ponente v ≈ 0,15 m/s)

Bild 7.11: Übergang von reiner
Saug- zur Wirbelströ-
mung bei gleichen
Raumluftverhältnissen

Bild 7.12: Entwicklung des konzentrierten Wirbel-
kerns

Von links nach rechts beginnend:

Bild 7.13: Voll ausgebildeter
Wirbelkern

Bild 7.14: Stationärer Zustand
des Wirbelfeldes

Bild 7.15: Kernstruktur tritt bei
nachlassender Rauch-
konzentration stärker
hervor

7.3.2.2   Struktur des Wirbelkerns

Die Bilder 7.16 und 7.17 zeigen Aufnahmen des Wirbelkerns bei optimiertem Zu-/Abluftverhältnis gemäß Tab. 7.2. Der voll entwickelte Kern weist im Querschnitt eine komplexe Struktur auf, die durch die unterschiedliche Rauchteilchenkonzentration sichtbar wird. Der Wirbelschlauch besteht aus einem zentralen, im Bild hell eingefärbten Kern, der von einer dünnen Schale mit geringer Rauchkonzentration umgeben ist. Diese wird wiederum von einer Zone spiralförmig aufsteigender Strömung umschlossen, die in Form einzelner, voneinander abgesetzter Vorticitylinien sichtbar wird. In mittlerer Höhe des Wirbelkerns, unterhalb des unmittelbaren Einflußbereeiches des Saugrohres, können die Durchmesser der verschiedenen Kernzonen mit:

$$- \text{zentraler Kern} \quad d_{11} \approx 20 \text{ mm}$$
$$- \text{mittlere Zone} \quad d_{12} \approx 40 \text{ mm}$$
$$- \text{äußere Zone} \quad d_{13} \approx 80 \text{ mm}$$

bestimmt werden. Vom zentralen Kern ausgehend verdoppelt sich der Kerndurchmesser näherungsweise mit jeder folgenden Schicht. Während der Durchmesser des inneren Kerns über die gesamte Höhe nahezu konstant bleibt, nehmen die Durchmesser der mittleren und äußeren Kernzone, vom Wirbelknoten ausgehend, stromabwärts stetig ab. Die scharfe Abgrenzung der einzelnen Schichten weist darauf hin, daß praktisch keine Mischung zwischen den Kernzonen auftritt.

Die folgenden Bilder lassen Einzelheiten der Kernstruktur durch eine direkte Zugabe von Rauch sichtbar werden. In Bild 7.18 ist der innere, zentrale Kern mit einem Durchmesser von $d_{11} \approx 20$ mm abgebildet. Bei seitlicher Beleuchtung durch die Lichtquelle wird die Kerngrenze in Form heller Linien sichtbar. Der zentrale Kern ist von einer schwach angefärbten Zone umgeben ($d_{12} \approx 40$ mm), die in Bild 7.19 deutlicher hervortritt. Diese Zone wird durch einzelne Wirbellinien umschlossen, die dem Wirbelkern eine unregelmäßige Kontur verleihen. Die scharfe Abgrenzung des inneren Kerns wird durch seine dunkle Färbung verdeutlicht, die auf den Mangel an Rauchteilchen zurückzuführen ist. Bild 7.20 zeigt die Anfärbung der äußeren Kernzone, aus der einzelne Wirbellinien spiralförmig um die mittlere Kernzone herum aufsteigen, deren äußere Grenze nur schwach sichtbar ist.

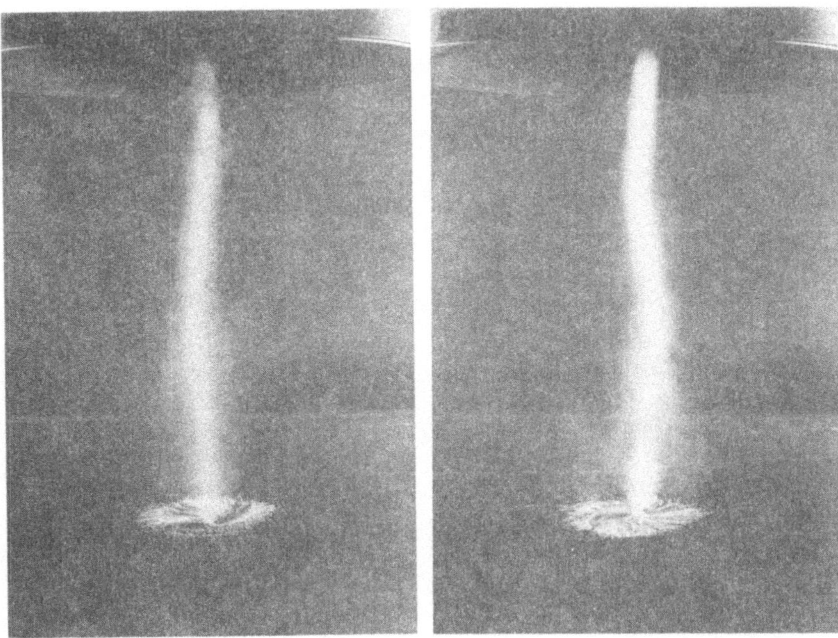

Bild 7.16 und Bild 7.17: Kernstruktur durch unterschiedliche Rauchkonzentration sichtbar gemacht (zentraler Kern als dunkle Zone innerhalb der mittleren und äußeren Kernzone abgebildet)

Bei der Raucheinleitung im Kernbereich wurden Instabilitäten des Wirbelkerns in Form einer kurzzeitigen Rückströmung beobachtet. Die folgende Bildreihe zeigt, daß aus der voll ausgebildeten, zum Saugrohr gerichteten Kernströmung Rauchgase impulsartig zum Boden schießen. Nach Erreichen der Grundfläche bricht die Rückströmung zusammen und die Rauchgase werden über den Wirbelkern wieder zum Saugrohr transportiert. Dieser Vorgang dauert im Mittel ca. 1 s.

In den Bildern 7.21 und 7.22 ist die Entwicklung der Rückströmung zu sehen, die unterhalb der Raucheinleitung beginnt und den äußeren Durchmesser der mittleren Kernzone markiert. Die Rückströmung ist mit einer Vergrößerung des Kerndurchmessers und einer Zunahme der Turbulenz außerhalb des Wirbelkerns verbunden. Die äußere Kernzone bleibt weitgehend stabil; allerdings weisen die Wirbellinien in der Nähe

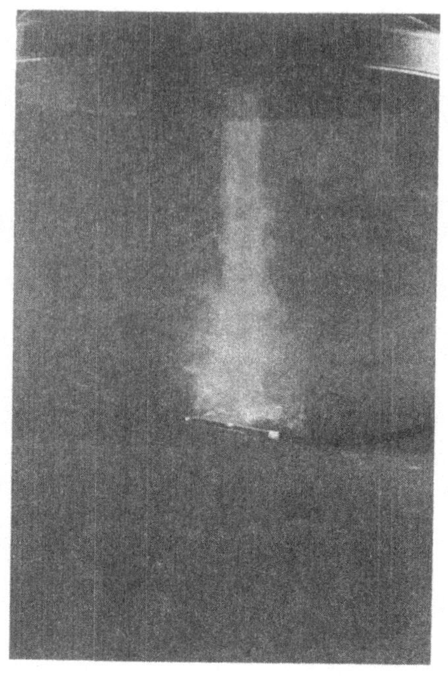

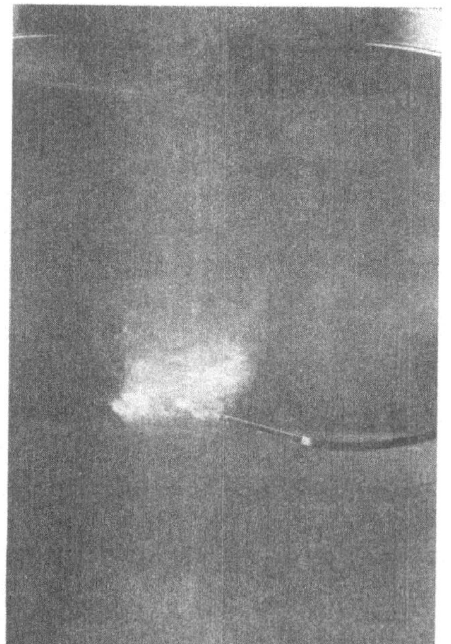

Von links nach rechts beginnend:

Bild 7.18: Zentraler Wirbelkern

Bild 7.19: Mittlere Kernzone

Bild 7.20: Äußere Kernzone

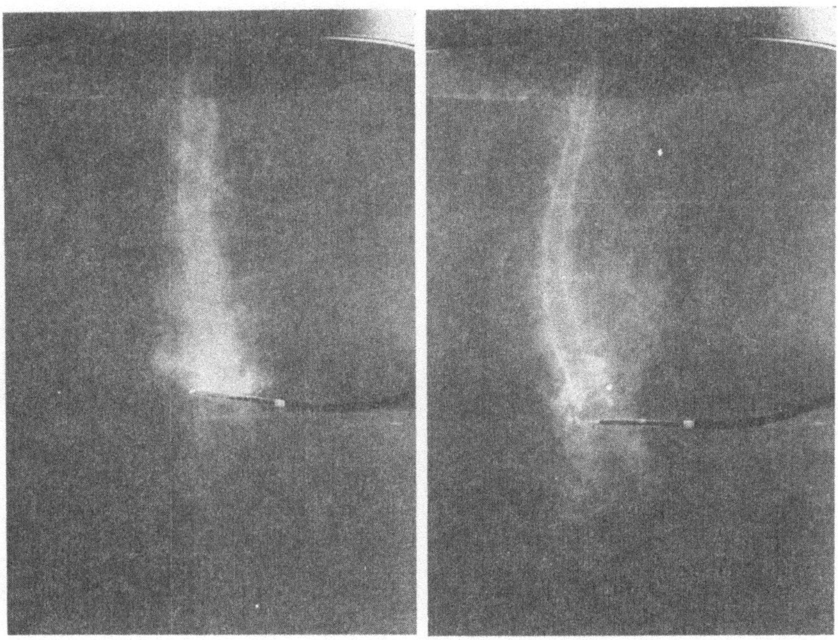

Bild 7.21 und Bild 7.22: Impulsartige Rückströmung innerhalb der
mittleren Kernzone

des Prüfröhrchens nur eine geringe Steigung auf. Im zentralen Kern
ändert sich während dieses Vorganges die Strömungsrichtung nicht,
sondern bleibt weiterhin zum Saugrohr gerichtet.

Die Bilder 7.23 und 7.24 zeigen Einzelheiten der stabilen und insta-
bilen Phase des Wirbelkerns. In Bild 7.23 sind die drei Kernzonen durch
die unterschiedliche Rauchkonzentration deutlich voneinander abgesetzt. Die mittlere Kernzone reicht bis zum Fußpunkt des Wirbelkerns. Im
Gegensatz dazu ist die mittlere Kernzone in Bild 7.24 nur in der oberen
Hälfte des Wirbelkerns sichtbar. Im unteren Teil des Wirbelkerns umgibt die äußere Kernzone unmittelbar den inneren Kernbereich, wird
aber im weiteren Verlauf durch die vom Saugrohr herabschießende
Rückströmung in der mittleren Kernzone wieder nach außen verdrängt.

Bild 7.23: Stabile Kernphase mit
voll ausgebildeter
Kernstruktur

Bild 7.24· Instabile Kernphase,
die mittlere Kernzo-
ne fehlt im unteren
Bildbereich

Diese Beobachtung steht im Gegensatz zu den Ergebnissen, die mit
dem Ward- und Purdue-Simulator erzielt wurden (vergl 3.2.4.2). In diesen Simulatoren erfolgt die Rückströmung für Drallzahlen S > 0,5 im
zentralen Kernbereich und führt zu einer stabilen, doppelzelligen Struktur des Wirbelkerns.

Das Erscheinungsbild der hier beobachteten Rückströmung gleicht dagegen dem des Tornadosimulators von Ying und Chang /20/, bei dem
ebenfalls eine, den zentralen Kern röhrenförmig umschließende, nahezu laminare Rückströmzone beobachtet werden konnte. In einer vergleichenden Betrachtung verschiedener Tornadosimulatoren weist
Snow /39/ darauf hin, daß das Auftreten einer äußeren Rückströmzone

auf die direkte Verbindung des Saugrohres mit dem Wirbelfeld zurückzuführen ist, die bei dem Ward-Simulator durch das Zwischenschalten
eines Baffles (Strömungsgleichrichter) vermieden wird. Durch diese
Maßnahme wird verhindert, daß bei höheren Drallzahlen und somit
zunehmendem Kernradius Teile der Außenströmung am Saugrohrflansch reflektiert werden und eine den Kern umschließende Rückströmzone bilden.

Auf die Funktion der Saughaube übt dieser Effekt nur einen geringen
Einfluß aus, da die Rückströmung nach Erreichen der Grundfläche unmittelbar durch den zentralen Kern aufgenommen wird. Durch eine
Vergrößerung des Saugrohrdurchmessers kann die Rückströmung aber
auch unterdrückt werden.

Die Bilder 7.25 ... 7.26 zeigen Einzelheiten des Wirbelknotens, der den
Übergang von der laminaren zur turbulenten Kernströmung markiert
(vergl. 3.2.4.2). Obwohl es sich um eine stationäre Form des Wirbelkerns handelt, wird dieser Zustand auch als Wirbelaufplatzen bezeichnet. Die photographischen Aufnahmen des Wirbelknotens geben einen
Eindruck von der unterschiedlichen Struktur des laminaren und turbulenten Wirbelkerns. In Bild 7.25 geht der fadenförmige, laminare Kern
über eine scharf abgegrenzte Rezirkulationszone in einen turbulenten
Kern mit wesentlich größerem Durchmesser über. Die drei Kernzonen
sind bereits ausgebildet, wie am oberen Bildrand zu sehen ist. Mit
wachsender Rotationsgeschwindigkeit nähert sich der Wirbelknoten
unter Vergrößerung seines Durchmessers der Grundfläche (Bild 7.26).
Die innere und mittlere Kernzone sind durch die unterschiedliche
Rauchkonzentration deutlich voneinander abgesetzt. Die äußere Kernzone ist an den spiralförmigen Wirbelfäden oberhalb des Wirbelknotens zu erkennen. Sie entwickelt sich aus Wirbelfäden, die bereits vor
dem Fußpunkt des laminaren Kerns ablösen. Wie ein Vergleich mit Bild
7.23 zeigt, bildet sich die äußere Kernzone im Gegensatz zur mittleren
und inneren Kernzone nicht als Folge der Rezirkulation, sondern geht
von einem ringförmigen Ablösegebiet um das Wirbelzentrum aus
(vergl 3.2.4.3).

Die physikalischen Vorgänge, die zur Bildung eines freien Ablösege-
bietes in rotierenden Strömungen führen, sind noch nicht vollständig
geklärt /18/. Als wesentliche Ursache wird aber der Druckanstieg längs
der Wirbelachse angesehen. Der Wirbelknoten entwickelt sich aus einer

Bild 7.25 und Bild 7 26: Wirbelknoten mit Übergang von laminarer zur turbulenten Kernströmung

laminaren Kernströmung, die aus der dünnen, bodennahen Zufluß-schicht (Ekmanschicht) hervorgeht. Durch einen Druckanstieg entlang der Achse erfolgt eine Verzögerung der Axialströmung, die zur Bildung eines freien Staupunktes im Wirbelzentrum führt. Die Divergenz der Stromlinien im Bereich des Staupunktes bewirkt eine Verringerung der Tangentialgeschwindigkeit, wodurch das Gleichgewicht zwischen Zentrifugalbeschleunigung und Druckgradient gestört ist. Nach dem Staupunkt konvergiert die Strömung durch den Unterdruck im Wirbelzentrum wieder, so daß ein abgeschlossenes Rezirkulationsgebiet entsteht, das stromabwärts in einen turbulenten Wirbelkern mit erhöhter Umfangsgeschwindigkeit und vergrößertem Durchmesser übergeht. Mit zunehmendem tangentialen Impuls im Strömungsfeld verringert sich die laminare Anlaufstrecke des Wirbelkerns und der Knoten wandert zur Grundfläche.

7.3.3 Ergebnisse der LDA-Messungen

7.3.3.1 Einfluß der Wirbelfluktuation auf die Meßergebnisse

Die Konstruktion der Saughaube war auf die Erzeugung einer stationären Wirbelströmung mit geringer Turbulenz ausgerichtet. Störungen
durch die Raumluft und eine nicht zu vermeidende Turbulenz im Bereich der Umkehrströmung unterhalb des Luftauslasses führten aber zu
Fluktuationen des Wirbelfeldes, die sich sowohl in einer Deformation
des Wirbelkerns als auch in einer Wanderung des Fußpunktes bemerkbar machten. Da das Wirbelfeld nahe der Saughaube durch den ringförmigen Zuluftauslaß und das zentrale Saugrohr weitgehend fixiert
war, traten diese Störungen vornehmlich in mittlerer Höhe und im Fußpunkt des Wirbelkerns auf und beeinträchtigten hier die Genauigkeit
der Meßergebnisse. Zur Begrenzung der Meßfehler wurden die LDA-
Messungen deshalb auf die in Kap. 8.5.1 angegebenen, optimierten
Zu-/Abluftvolumenstromverhältnisse beschränkt, bei denen der mittlere
Schwankungsradius des Wirbelkerns $R_S \approx 20$ mm und die mittlere
Schwankungsperiode $T_S \approx 3$ s betrug.

Bei den LDA-Messungen wirkten sich die Fluktuationen in Strömungsbe-
reichen mit kleinen Geschwindigkeitsgradienten durch die geringe
Differenz benachbarter Meßwerte nicht wesentlich auf die Bildung der
Geschwindigkeitsmittelwerte aus. In der Nähe von Geschwindigkeits-
maxima mit großen Gradienten wurden durch die Fluktuation dagegen
grundsätzlich zu kleine Geschwindigkeitsbeträge ermittelt, da die in die
Mittelwertbildung einfließenden Meßwerte benachbarter Bereiche des
Strömungsfeldes stets kleiner als der zu erfassende Meßwert waren.
Die gemessene Geschwindigkeitsverteilung (vergl. Bild 7.28 und 7.29)
läßt die Abschätzung zu, daß im wesentlichen die Messung der tangentialen Geschwindigkeitskomponente v_φ fehlerbehaftet ist, da die
vertikalen und radialen Komponenten v_z und v_r nur geringe Gradienten aufweisen, bzw. im Bereich großer Gradienten Fluktuationen durch
den unmittelbaren Einfluß des Ringspaltes und des Saugrohres unterdrückt wurden. Mit Ausnahme des unmittelbaren Bereiches unterhalb
der Saughaube sind deshalb die Geschwindigkeitsbeträge der tangentialen Komponente v_φ am Rande des Wirbelkerns stets zu klein, im
Außenbereich des Wirbelfeldes dagegen geringfügig zu groß gemessen worden. Bild 7.27 zeigt am Beispiel der tangentialen Geschwindigkeitskomponente v_φ den Zusammenhang zwischen Wirbelfluktuation
und Mittelwertbildung der Meßwerte.

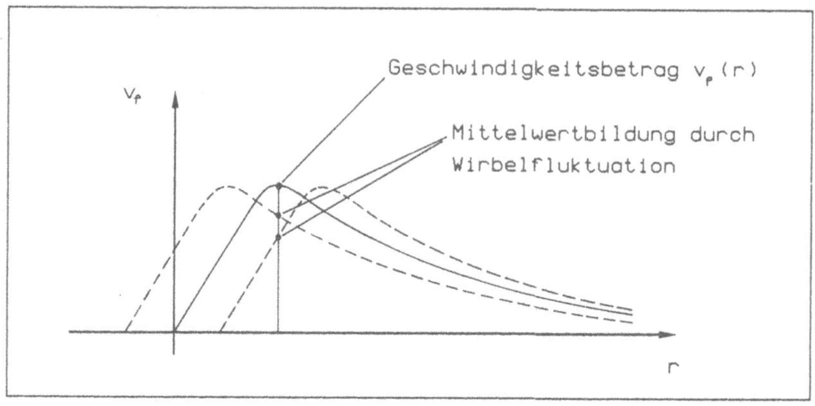

Bild 7.27:   Einfluß der Wirbelfluktuation auf die Mittelwertbildung der Meßwerte. Schematische Darstellung für die Tangentialkomponente v_φ

7.3.3.2   Die Geschwindigkeitsverteilung im Wirbelfeld

Die Geschwindigkeitsverteilung im Wirbelfeld ist in Form von Vektordiagrammen in den Bildern 7.28 und 7.29 dargestellt.

In der vertikalen Ebene, die in Bild 7.28 die Komponenten v_z und v_r einschließt, lassen sich im wesentlichen fünf verschiedene Bereiche innerhalb des Wirbelfeldes erkennen:

1. eine Mischungszone (Umkehrströmung) zwischen der am Ringspalt austretenden Zuluft und dem Wirbelfeld,

2. eine äußere Zuflußzone zwischen Meßebene 200 und der Grundfläche

3. einen Bereich im Wirbelzentrum in den Meßebenen 50 und 100, der ein charakteristisches Nachlaufprofil aufweist,

4. eine Zone mit flachem Geschwindigkeitsprofil im inneren Strömungsfeld (ME 200 und ME 300) in Form einer nahezu gleichmäßigen Auftriebsströmung,

5. eine Zone mit stark konvergenter Strömung und einem der Normalverteilung ähnlichem Geschwindigkeitsprofil im Bereich des Saugrohres.

Die LDA-Meßergebnisse zeigen, daß die Zuluft aus dem Luftauslaß in Form eines divergenten Ringstrahls austritt, der das innere Wirbelfeld bis zur Meßebene 200 umschließt. Der Ringstrahl trennt die im Wirbelzentrum aufsteigende Luft von der ruhenden Umgebungsluft in Form einer Mischungszone, deren untere Grenze die Höhe der Zuflußzone festlegt. In der oberen Meßebene, 50 mm unterhalb des Luftauslasses, liegt die Maximalgeschwindigkeit im Ringstrahl bei $v = 1{,}48$ m/s. Sie setzt sich aus den Beträgen der drei Komponenten $v_z = -0{,}95$ m/s, $v_\varphi = 1{,}1$ m/s und $v_r = 0{,}29$ m/s zusammen (vergl. Bild 7.29). Somit sind die vertikale und tangentiale Geschwindigkeitskomponente nahezu gleich groß und entsprechen den aus Volumenstrom $\dot{V}_{zu}$ und Ringspaltquerschnittsfläche ermittelten theoretischen Werten am Luftauslaß.

Zwischen der Grundfläche und der Mischungszone des Ringstrahls wird Umgebungsluft über die äußere Zuflußzone in das innere Wirbelfeld transportiert. Unmittelbar unterhalb des Ringstrahls fließt die eintretende Luft entlang der Mischungszone zum Saugrohr, ohne in das Wirbelzentrum vorzustoßen. Die Richtung der Geschwindigkeitsvektoren in ME 50 läßt erkennen, daß hier bereits eine vorwiegend vertikal ausgerichtete Strömung vorherrscht, die sich oberhalb einer dünnen, bodennahen Zuflußschicht bildet. Diese Zuflußschicht konnte mit der beschriebenen Meßanordnung nicht untersucht werden, ist in den photographischen Aufnahmen aber als Ekmanschicht zu erkennen. Der Verlauf der tangentialen Geschwindigkeitskomponente v_φ ist in Bild 7.29 in Kombination mit der radialen Komponente v_r dargestellt. Unterhalb der ME 200, die durch die starke radiale Konvergenz der Umkehrströmung gekennzeichnet ist, strömt die Luft der Zuflußzone unter einem Winkel von $\Theta = 32 \ldots 36°$ zum Radiusvektor in das innere Wirbelfeld.

Die vertikale und radiale Konvergenz der Zuflußzone beschränkt sich in den ME 50 und ME 100 auf den äußeren Bereich des Meßfeldes und wird zum Wirbelzentrum hin durch eine Zone konzentrischer Auftriebsströmung begrenzt. Diese Zone ist gekennzeichnet durch eine Zunahme der vertikalen Geschwindigkeitskomponente v_z, die nahe der Symmetrieachse in eine Nachlaufdelle übergeht. Der äußere Radius dieses ringförmigen Bereiches erhöhter Vertikalgeschwindigkeit beträgt ca. 100 mm, wobei die größten Geschwindigkeitsbeträge in einem Radius von ca. 40 mm um die Wirbelachse gemessen wurden. In diesem Gebiet erreicht die vertikale Geschwindigkeitskomponente mit $v_z = 0{,}32$ m/s den doppelten Wert wie in der Zuflußzone. Zum Wirbelzentrum hin fällt die Vertikalgeschwindigkeit wieder auf $v_z = 0{,}23$ m/s ab. In ME 50 ist der Bereich nahe der Symmetrieachse durch eine konvergente Auftriebsströmung gekennzeichnet. Aus den photographi-

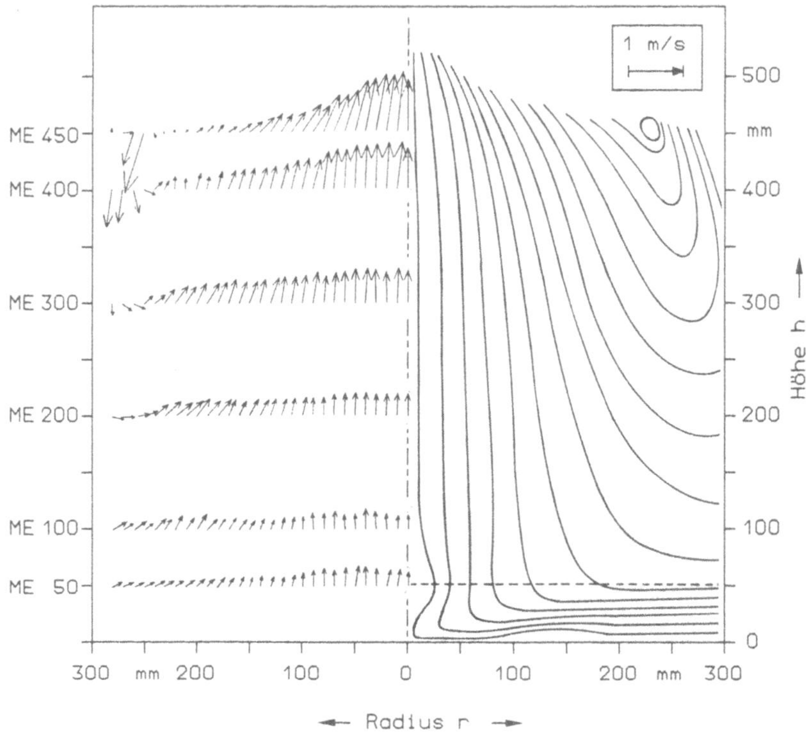

Bild 7.28: Geschwindigkeitsverteilung in vektorieller - (v_z, v_r) und Stromlinien-Darstellung. Die Stromlinien unterhalb ME 50 sind nach den photographischen Aufnahmen ergänzt.

schen Aufnahmen (Bild 7.16) ist zu ersehen, daß der Wirbelknoten unterhalb der ME 50 in einer Höhe von ca. 10 . . . 25 mm über der Grundfläche liegt. Die radiale Konvergenz und die Geschwindigkeitsabnahme in der Nähe des Wirbelzentrums in den unteren Meßebenen können demnach als Nachlaufprofil des Wirbelknotens gedeutet werden. Ein Vergleich der Bilder 7.28 und 7.29 zeigt darüberhinaus, daß die tangentiale Komponente mit v_φ = 0,5 m/s im Bereich der höchsten Vertikalgeschwindigkeit ihr Maximum erreicht.

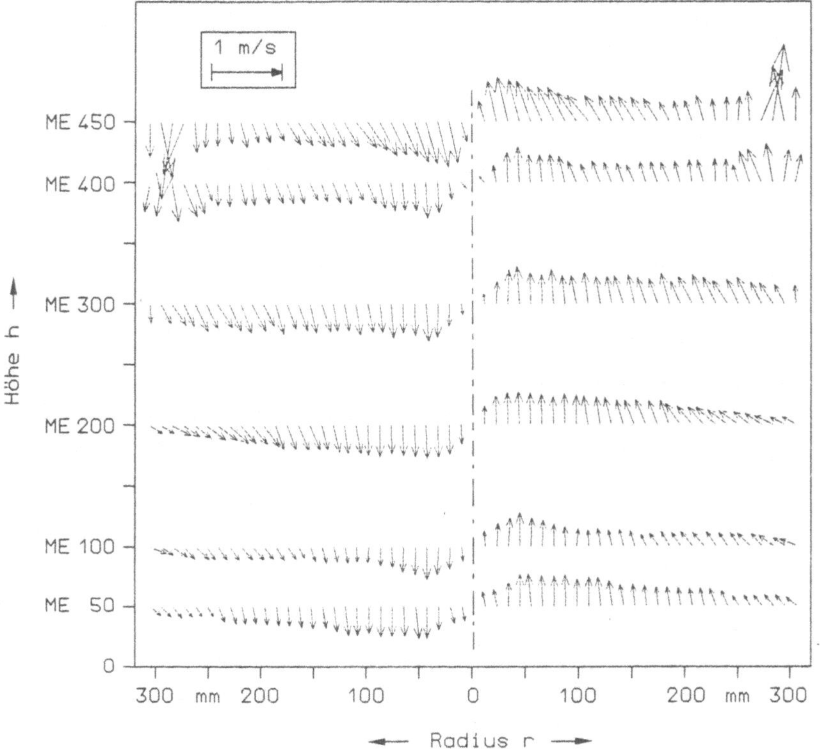

Bild 7.29: Geschwindigkeitsverteilung in den horizontalen Meßebenen in vektorieller Darstellung (v_φ, v_r)

In Bild 7.28 schließt sich oberhalb des Nachlaufgebietes in den ME 200
und ME 300 eine Zone mit flachem Geschwindigkeitsprofil an, die sich
über den gesamten Durchmesser des inneren Wirbelfeldes bis zur Mischungszone erstreckt. Im Vergleich zu den unteren Meßebenen ist eine Zunahme der Vertikalgeschwindigkeit zu verzeichnen, die sich ab
ME 300 auf den Bereich um das Wirbelzentrum konzentriert. Die über
die Wirbelgrenze zufließende Luft aus der Mischungs- und der Zuflußzone vergrößert mit zunehmender Höhe im Meßfeld den Volumenstrom,
wodurch entsprechend der Kontinuitätsbedingung die vertikale Geschwindigkeit ebenfalls wächst.

Die tangentiale Geschwindigkeitsverteilung wird in beiden Meßebenen bereits durch die aus dem Ringspalt der Saughaube austretende Zuluft beeinflußt. Der tangentiale Impuls der Zuluft bewirkt im Bereich der Mischungszone eine Geschwindigkeitszunahme, die sich durch die Zähigkeit des Fluids bis zum Wirbelkern fortpflanzt. Das tangentiale Geschwindigkeitsprofil weist in diesem Bereich keine Ähnlichkeit mehr mit dem des Potentialwirbels auf.

Oberhalb der ME 300 entwickelt sich unter dem Einfluß der Senkenströmung des Saugrohres ein vertikales Geschwindigkeitsprofil mit ausgeprägtem Maximum im Wirbelzentrum. Der Druckabfall in der Nähe des Saugrohres führt zu einer starken Konvergenz der Strömung mit einem der Normalverteilung ähnlichem Geschwindigkeitsprofil. Die Vertikalgeschwindigkeit wächst mit zunehmender Höhe im Wirbelkern von $v_z = 0,23$ m/s in ME 50 auf $v_z = 0,95$ m/s in ME 450. Im Saugrohr selbst, das sich durch die konische Leitfläche 113 mm oberhalb der oberen Meßebene befindet, konnte die Geschwindigkeit durch die Wirbelfluktuation nicht unmittelbar gemessen werden. Aus Abluftvolumenstrom und Saugrohrquerschnittsfläche kann aber eine mittlere Geschwindigkeit von $v_z = 2,77$ m/s errechnet werden.

Auf der Wirbelachse ist die Vertikalgeschwindigkeit um ca. 15 % niedriger als im umgebenden Wirbelkern. Ein Vergleich mit den photographischen Aufnahmen zeigt, daß die Geschwindigkeitsabnahme auf den Bereich des Wirbelkerns beschränkt ist, der unterhalb des Saugrohres einen Radius von $r_1 \approx 10$ mm aufweist. Die Vertikalgeschwindigkeit im zentralen Wirbelkern ist demnach geringer als die des umgebenden Fluids, wächst aber mit zunehmender Höhe ebenfalls und erreicht unterhalb der Saughaube mit $v_z = 0,8$ m/s den 3,5-fachen Wert wie in ME 50.

Die vertikale Beschleunigung des Fluids bewirkt eine Konvergenz und Dehnung der Wirbelröhre, die nach dem Satz zur Erhaltung des Drehimpulses eine Erhöhung der Tangentialgeschwindigkeit zur Folge haben muß. Diese Aussage wird durch die Meßergebnisse in Bild 7.29 bestätigt. In dem Bereich zunehmender Konvergenz, der durch die zum Wirbelzentrum gerichtete radiale Komponente gekennzeichnet ist, wächst die Tangentialgeschwindigkeit im Vergleich zur ME 50 um ca. 40 %. Die Geschwindigkeitszunahme und Konvergenz der Strömung bewirkt in ME 450 auch eine Wanderung des Geschwindigkeitsmaximums in Richtung Wirbelzentrum. Das folgende Diagramm zeigt die tangentiale Geschwindigkeitsverteilung in den verschiedenen Meßebe-

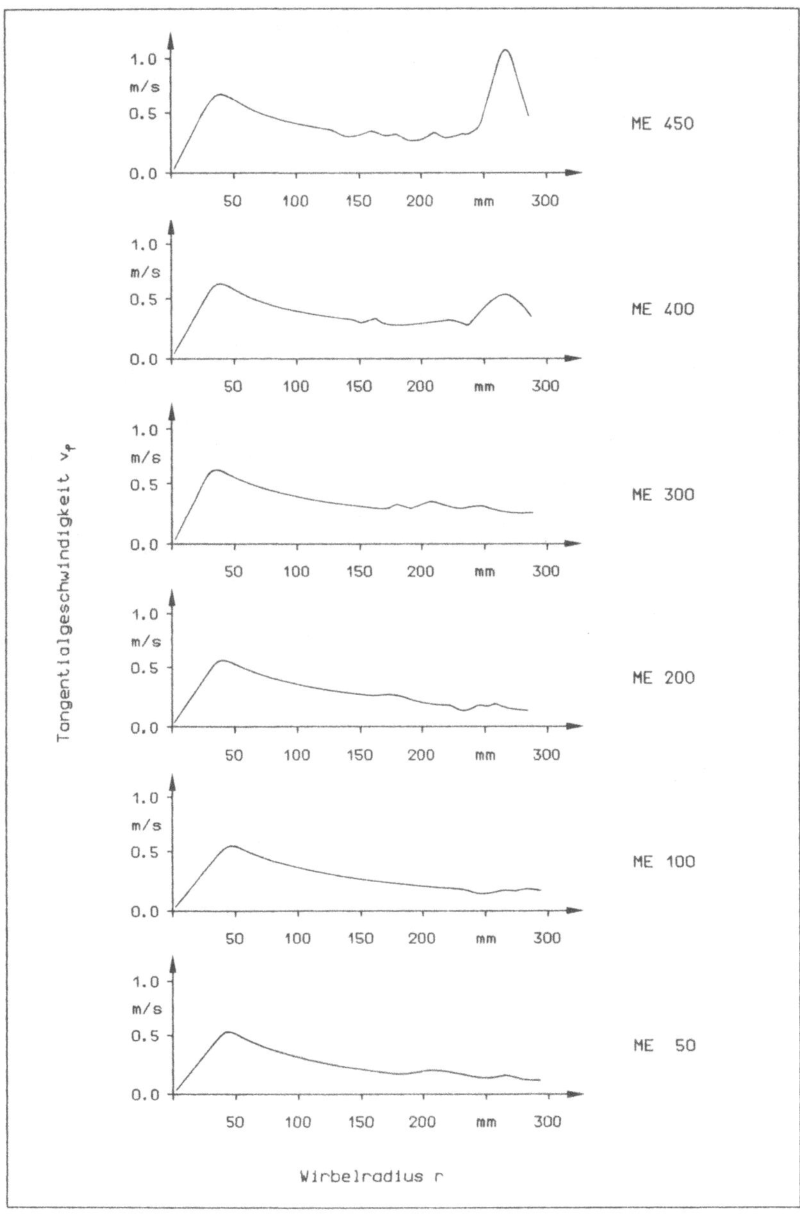

Bild 7.30: Tangentialgeschwindigkeit v_φ (Halbachse) in Abhängigkeit von der Höhe im Wirbelfeld

nen für jeweils eine Halbachse des Wirbelfeldes. Bei der Beurteilung der Meßergebnisse ist zu berücksichtigen, daß die Wirbelfluktuation eine zuverlässige Ermittlung des tangentialen Geschwindigkeitsprofils unterhalb der ME 300 erschwerte, so daß vor allem im Bereich des Wirbelkerns Abweichungen von der tatsächlichen Geschwindigkeitsverteilung möglich sind.

Als wesentliches Ergebnis der LDA-Messungen bleibt festzuhalten, daß bei den untersuchten Volumenstromverhältnissen die Geschwindigkeit im gesamten Meßfeld den Wert $v = 0{,}30$ m/s nicht unterschreitet. Obwohl über der Arbeitsfläche und am Rande des Meßfeldes kleinere Geschwindigkeitskomponenten auftreten, ergibt die vektorielle Addition der Komponenten zur tatsächlichen, örtlichen Geschwindigkeit stets höhere Beträge. Da zudem die radiale Geschwindigkeitskomponente mit Ausnahme des Zuluftringstrahls immer zum Wirbelzentrum gerichtet ist, hat die Strömung einen konzentrierenden Charakter. Auf die Funktion der SH bezogen bedeutet dies, daß Schadstoffe aus dem äußeren Bereich des Wirbelfeldes in den inneren Bereich transportiert werden, wo hohe Erfassungsgeschwindigkeiten für einen effektiven Schadstofftransport sorgen.

7.3.3.3 Abschätzung der Kennzahlen

Die dimensionslosen Kennzahlen Re_r, S und a wurden für die Saughaube auf der Basis der LDA-Messungen ermittelt. Mit Ausnahme des Radius r_0 der Konvergenzzone, der in den Tornadosimulatoren durch die Ringscheibe oberhalb der Zuflußzone festgelegt ist (vergl. 3.2.1), konnten alle erforderlichen Größen zur Bestimmung der Kennzahlen entweder unmittelbar gemessen oder aus den Meßergebnissen abgeleitet werden. Für die Saughaube läßt sich der Radius der Konvergenzzone näherungsweise durch die Trennungsstromlinie zwischen der Auftriebs- und der Mischungszone definieren, die gleichzeitig die Berandung der Zuflußzone bildet. Mit dem Wendepunkt der Trennungsstromlinie als Maß für die radiale Ausdehnung der Konvergenzzone kann der Radius mit $r_0 = 0{,}15$ m angesetzt werden.

Wird in der Drallzahl S die Zirkulation durch $\Gamma = 2\pi\, r\, \bar{v}_\varphi$ ersetzt, wobei $\bar{v}_\varphi$ die mittlere Tangentialgeschwindigkeit im Abstand r von der Wirbelachse darstellt, stehen mit $\dot{V}$, h, r_0, r und $\bar{v}_\varphi$ alle Größen zur Verfügung, die zur Bestimmung der Kennzahlen erforderlich sind:

Saugluftvolumenstrom	$\dot{V}$	= 0,04	m^3/s
Höhe der Zuflußzone	h	= 0,2	m
Radius der Konvergenzzone	r_0	$\approx$ 0,15	m
Meßabstand von der Wirbelachse	r	= 0,25	m
Tangentialgeschwindigkeit in der Zuflußzone	$\bar{v}_\varphi(r)$	$\approx$ 0,2	m/s

Tabelle 7.3: Meßwerte zur Bestimmung der dimensionslosen Kennzahlen

Damit ergeben sich folgende Kennzahlen für die Saughaube mit optimiertem Volumenstromverhältnis:

radiale Re-Zahl	$Re_{rad} = \dfrac{\dot{V}}{\nu \cdot h}$	$= 1,3 \cdot 10^4$
Drallzahl	$S = \dfrac{r_0\, \Gamma}{2\, \dot{V}}$	$\approx 0,6$
Konfigurationsverhältnis	$a = \dfrac{h}{r_0}$	$= 1,3$

Tabelle 7.4: Dimensionslose Kennzahlen der Saughaube

Sowohl die radiale Re-Zahl als auch die Drallzahl liegen innerhalb der in den Tornadosimulatoren untersuchten Kennzahlbereiche. Der ermittelte Wert für die Drallzahl hängt aber stark von der Zuverlässigkeit bei der Bestimmung des Radius r_0 der Konvergenzzone ab. Größere Konvergenzradien führen zu höheren Drallzahlen und umgekehrt. Für Drallzahlen von $0,5 < S < 1,0$ wird in der Literatur /23, 40/ die Existenz eines doppelzelligen Wirbelkerns angegeben, während die LDA-Meßergebnisse auf einen einzelligen Wirbelkern hinweisen. Allerdings beschreiben sowohl Church et al. /23/ als auch Snow et al. /40/, daß sich unter bisher nicht geklärten Umständen in diesem Drallzahlenbereich ein einzelliger Wirbelkern mit verminderter Vertikalgeschwindigkeit im Wirbelzentrum bilden kann, in dessen Innerem die Strömung plötzlich umkehrt und bis zum Boden schießt. Diese Beobachtung wird durch die Ergebnisse der kinematographischen Untersuchungen unterstützt, bei denen das kurzzeitige Auftreten einer Rückströmung im Wirbelkern festgestellt wurde (vergl. 8.3.2.2).

Das Konfigurationsverhältnis a beschreibt das Verhältnis zweier charakteristischer Abmessungen des Wirbelfeldes zueinander. Für natürliche Tornados werden in der Literatur typische Werte von $a \approx 0{,}2 \ldots 1$ angegeben, während in den Tornadosimulatoren Konfigurationsverhältnisse von $a = 0{,}2 \ldots 3$ untersucht wurden /22, 23/. Mit $a = 1{,}3$ liegt der Wert für die Saughaube im mittleren Bereich, wodurch auch die Annahme gestützt wird, daß die Trennungsstromlinie zwischen Auftriebs- und Mischungszone den Radius r_0 der Konvergenzzone definiert.

8.3.4   Messungen der Druckverteilung im Wirbelkern

Messungen des Druckprofils im Wirbelkern wurden in den Tornadosimulatoren nur in Form von Wanddruckmessungen im Bereich des Wirbelkernfußpunktes durchgeführt /20, 21, 40, 63/. Lediglich Church und Snow /64/ untersuchten mit einem Pitot-Rohr den Druckverlauf längs der Wirbelachse, ohne jedoch das Druckprofil selbst zu messen. Für das Fehlen unmittelbarer Kerndruckmessungen sind im wesentlichen zwei Ursachen verantwortlich:

1. Druckmessonden stören im Wirbelkern das empfindliche Gleichgewicht zwischen Druckgradient und Zentrifugalbeschleunigung und verstärken somit die Fluktuationen des Wirbelkerns,

2. Schwankungen des Wirbelkerns führen aufgrund des hohen Druckgradienten im Kernzentrum zu einer Unterbestimmung des maximalen Unterdrucks, die zwischen $20 \ldots 40 \, \%$ des Maximalwertes betragen kann /40/.

Mit der berührungsfreien Messung des Druckprofils durch ein holographisches Meßverfahren konnten diese Nachteile vermieden werden, wobei allerdings Temperaturgradienten und somit überlagernde Dichteänderungen im Meßvolumen ausgeschlossen werden mußten (vergl. 7.2.2.1).

Die durch die holographische Optik vorgegebene Meßfeldgröße von 120 x 120 mm reichte gerade aus, um den Wirbelkern im Durchmesser vollständig zu erfassen. Da die Anordnung der optischen Komponenten innerhalb der Meßkammer zu erhöhten Fluktuationen des unteren Kernbereiches führten, wurden die Messungen erst oberhalb einer Höhe von 150 mm über der Grundfläche durchgeführt.

Bild 7.31 zeigt ein Beispiel für die resultierende Phasenverteilung im Meßfeld, die über die rechnergestützte Auswertung eines Interfero-

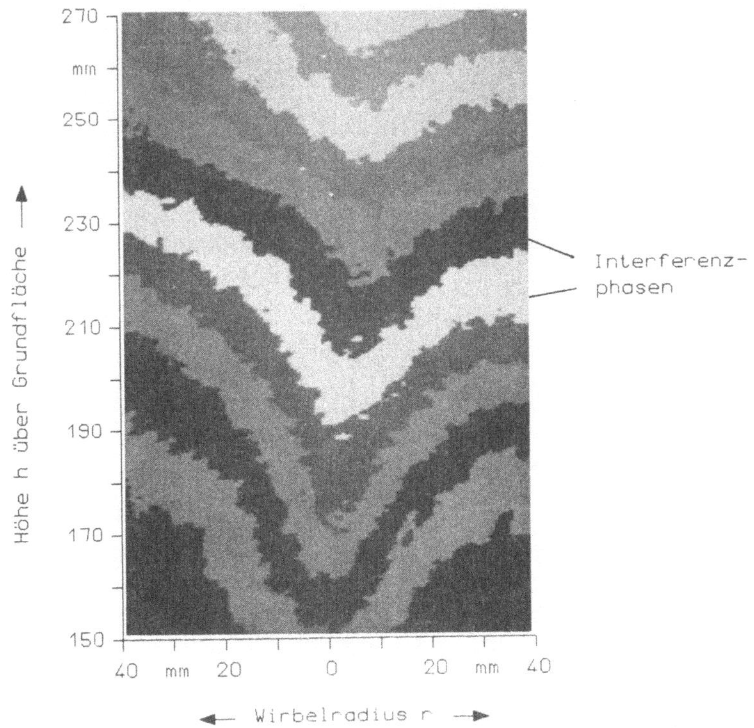

Bild 7.31:   Resultierende Phasenverteilung im Meßfeld

- 124 -

gramms gewonnen wurde. Die Interferenzphase setzt sich aus der vom
Unterdruck im Wirbelzentrum hervorgerufenen Phasenverschiebung und
aus einem apparativ bedingten, variablen Hintergrund zusammen, der
im Bild durch die generelle Neigung der Interferenzphasen nach rechts
sichtbar wird (vergl. 7.2.2.2). Die entsprechende Dichteverteilung im
Meßfeld ist in Bild 7.32 in Form der normierten Dichte ρ/ρ_0 dargestellt
(ρ_0 = Dichte der Umgebungsluft). Der Wirbelkern zeichnet sich durch die
Vertiefung in der Hintergrundebene ab. Da die Dichte über die Isen-
tropenbeziehung mit dem Druck im Meßfeld gekoppelt ist, läßt diese
Darstellung bereits erkennen, daß der Druckverlauf längs der Wirbel-
achse nicht konstant, sondern Störungen unterworfen ist.

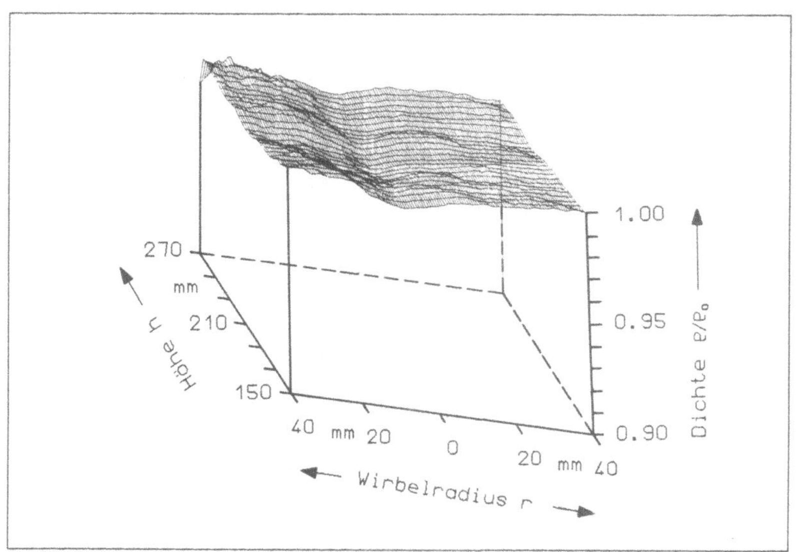

Bild 7.32:   Dichteverteilung im Meßfeld (vergl. Bild 7.7)

Werden in Bild 7.31 die Phasensprünge eliminiert und die Hintergrundebene subtrahiert, kann aus dem Interferogramm die Kontur des Wirbelkerns rekonstruiert werden. Bild 7.33 zeigt einen Ausschnitt aus Bild
7.31, wobei die dunkle Zone den Bereich abnehmender Dichte bzw.
Druckes im Kernzentrum markiert. Das Zentrum des Wirbelkerns ist
durch eine gleichmäßig dunkle Färbung gekennzeichnet, die im Bereich
der mittleren Kernzone in eine unregelmäßige, aufgelöste Kontur übergeht. Die äußere Kernzone ist in Form von Schatten vor dem hellen
Hintergrund ebenfalls sichtbar.

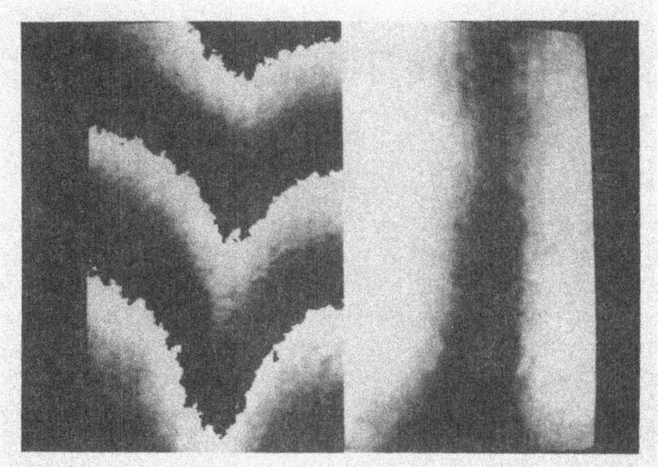

Bild 7.33:   Aus Interferogramm (links) rekonstruierte Kontur des
               Wirbelkerns (rechts im Bild)

In Bild 7.34 ist der Druckverlauf im Wirbelkern in Form des normierten
statischen Druckes /40/

$$\Delta p^* = \frac{\Delta p}{\frac{\rho}{2} \left(\frac{\dot{V}}{\pi \, r_0^2} \right)^2 \frac{1}{a^2}} \tag{7.2}$$

für die Meßebenen ME 150, 225, 300, 375 und 450 mm aufgetragen.

Aus den aufeinanderfolgenden Druckprofilen geht hervor, daß der
statische Druck im Kernzentrum mit zunehmender Höhe abnimmt. Das
über die gesamte Meßfeldbreite von 120 mm reichende, relativ fla-
che Druckprofil in ME 150 entwickelt sich zu einem schlanken Profil in
ME 450, in dessen Zentrum der Unterdruck um den Faktor 3 größer als
in ME 150 ist. Auch der Druckgradient längs der Wirbelachse nimmt mit
der Höhe zu (Bild 7.35).

In den ME 150 . . . 300 erfolgt der Übergang von dem reduzierten Kern-
druck auf den Druck des äußeren Wirbelfeldes kontinuierlich. In den
beiden oberen Meßebenen ist dagegen eine ringförmige Zone um das
Kernzentrum zu erkennen, in der wieder eine Abnahme des statischen
Druckes zu verzeichnen ist. Ein Vergleich mit den photographischen

Aufnahmen der Wirbelkernstruktur zeigt, daß das Auftreten dieser Zone mit der Glättung der äußeren Kernzone zusammenfällt, die in unmittelbarer Nähe des Saugrohres durch die Dehnung der Wirbelröhre hervorgerufen wird. Dementsprechend fallen die Störungen in der Kontur der unteren Druckprofile mit dem Bereich hoher Kernturbulenz zusammen (vergl. Bild 7.16).

Die Verringerung des statischen Druckes mit zunehmender Höhe im Wirbelkern steht in Übereinstimmung mit den Ergebnissen der numerischen Simulation (Kap. 5.4.2). Auch hier ist stromabwärts des Wirbelknotens ein Druckabfall längs der Wirbelachse und ein zunehmender axialer Druckgradient zu verzeichnen. Messungen von Ying und Chang /20/, die allerdings nur in einem begrenzten Bereich über der Grundfläche vorgenommen wurden, bestätigen diese Ergebnisse ebenfalls. Im Gegensatz dazu ergaben Untersuchungen von Church und Snow /64/ in einem Tornadosimulator, daß für Drallzahlen $S > 0,3$ eine geringfügige Zunahme des statischen Druckes im Wirbelkern stromabwärts des Wirbelknotens erfolgt. Diese einander widersprechenden Ergebnisse haben ihre Ursache in der unterschiedlichen Auslegung von Tornadosimulatoren und Saughaube. Während der Ward- und Purdue-Simulator zur Reduzierung der Tangentialgeschwindigkeit vor dem Absaugventilator einen Strömungsgleichrichter (Baffle) verwenden, ist das Saugrohr des Tornadosimulators von Ying und Chang ebenso wie das der Saughaube unmittelbar mit dem Strömungsfeld gekoppelt. Das Saugrohr wirkt deshalb als Strömungssenke, wobei der Unterdruck im Saugrohrquerschnitt den Druck im Wirbelkern reduziert.

Die direkte Kopplung von Saugrohr und Strömungsfeld verhindert auch die Bildung eines doppelzelligen Wirbelkerns mit einer stationären Rückströmung in der inneren Kernzone. Für Drallzahlen $S > 0,5$ wurden in den Tornadosimulatoren ausschließlich doppelzellige Wirbelkernstrukturen beobachtet (vergl. 3.2.4.5). Obwohl die Drallzahl für die Saughaube in der Grundkonfiguration mit $S \approx 0,6$ ermittelt wurde, konnte weder bei den kinematographischen Untersuchungen, noch bei den LDA-Messungen eine Rückströmung in der inneren Kernzone festgestellt werden. Dieses Ergebnis wird auch durch die Form der gemessenen Druckprofile unterstützt. Wanddruckmessungen im Bereich des Wirbelkernfußpunktes von Snow et al. /40/ ergaben, daß sich bei einem doppelzelligen Wirbelkern der statische Druck nahe der Wirbelachse erhöht, so daß der Bereich des minimalen Druckes in einer ringförmigen Zone um das Wirbelzentrum liegt (vergl. 3.2.4.3). Die einem Rotationsparaboloid ähnlichen Druckprofile der Saughaube entsprechen dagegen dem Druckverlauf im starren Wirbel, wie er für einen einzelligen Wirbelkern charakteristisch ist.

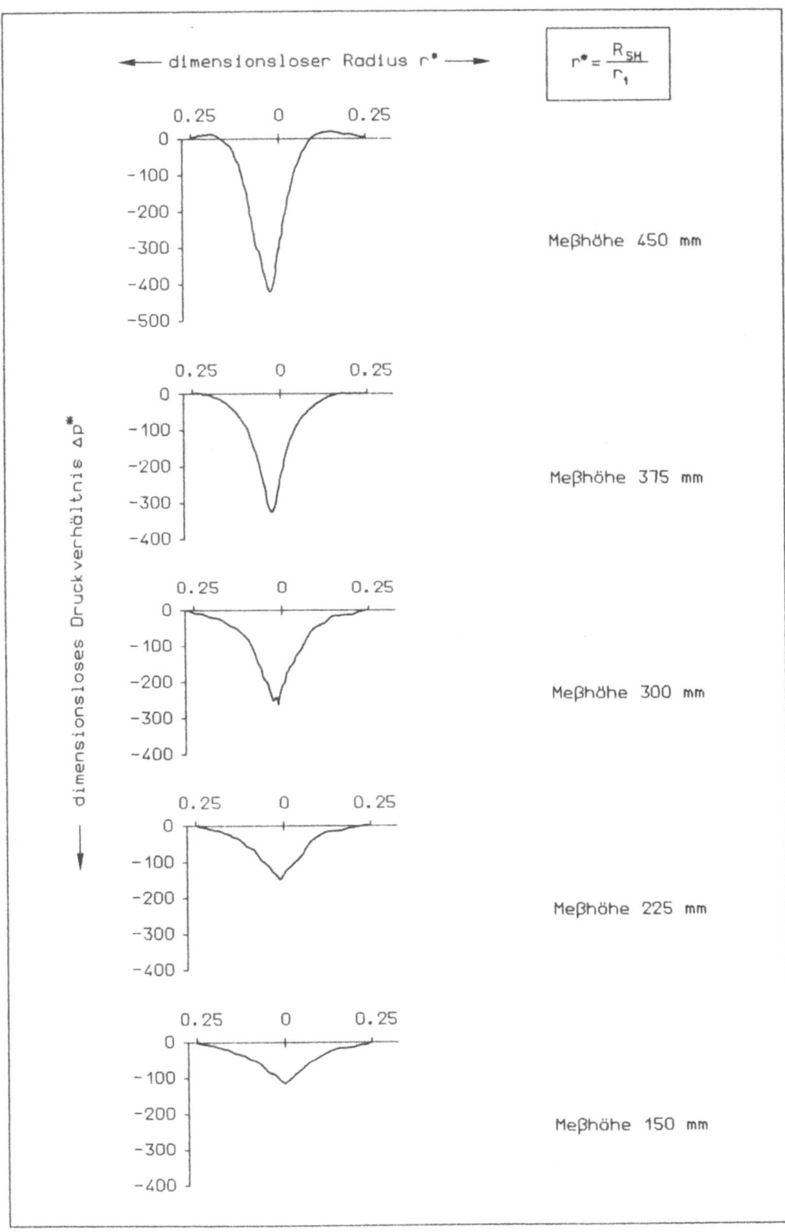

Bild 7.34: Dimensionsloser statischer Druck p* im Wirbelkern in verschiedenen Meßhöhen

8 Bewertung und Vergleich der Ergebnisse

8.1 Bewertung der Ergebnisse

Die durchgeführten Untersuchungen und Messungen zum Einsatz tornadoähnlicher Wirbelströmungen bei industriellen Absauganlagen haben
am Beispiel einer Saughaube eine Reihe interessanter Ergebnisse ge-
liefert. Mit den experimentellen Untersuchungen konnte nachgewiesen
werden, daß

- bei geeigneter Zuluftführung unterhalb der SH eine Wirbelströmung mit ausgeprägtem Wirbelkern erzeugt werden
  kann,

- trotz freier Grenzschicht und Umkehrströmung eine ausreichende Stabilität des Wirbelfeldes und eine turbulenzarme
  Strömung mit geringer Wirbelkernfluktuation vorhanden ist,

- eine ausreichende Erfassungsgeschwindigkeit im gesamten
  Bereich unterhalb der SH, auch unmittelbar über der Arbeitsfläche gewährleistet ist,

- eine Konzentration der Staubpartikel im Wirbelkern stattfindet, die einen schnellen Transport der Schadstoffe zum Saugrohr bewirkt.

Im Gegensatz zu den Tornadosimulatoren wird die Wirbelströmung bei
der SH nicht durch ein rotierendes Sieb im Bereich der Grundfläche erzeugt, sondern durch Zuluft, die in Form einer Drallströmung über einen schmalen Ringspaltauslaß am Umfang der SH austritt. Das Wirbelfeld entwickelt sich somit analog dem eines natürlichen Tornados, das
sich nach heutigem Kenntnisstand aus einer rotierenden Mutterwolke
bildet. Im Strömungsfeld der SH konnten mit Ausnahme der zentralen
Rückströmung im Wirbelkern alle Merkmale nachgewiesen werden, die
sowohl bei natürlichen als auch bei simulierten Tornados beobachtet
werden konnten. Dazu gehören:

- Die Abhängigkeit des Wirbelfeldes und des Kerndurchmessers von der Drallzahl S als wesentlicher dimensionsloser Kennzahl,

- die schichtartige Struktur des Wirbelkerns,

- die Bildung eines Wirbelknotens im Fußpunkt des Wirbelkerns

- und das Entstehen einer Ekmanschicht über der Grundfläche.

Im Vergleich zu den Ergebnissen der experimentellen Tornadosimulation werden aber Unterschiede deutlich, die vor allem auf die andersgeartete Auslegung der SH zurückzuführen sind. Während in den Tornadosimulatoren für Drallzahlen $S > 0,5$ grundsätzlich die Bildung eines doppelzelligen Wirbelkerns beobachtet wurde, zeigen sowohl die kinematischen als auch die meßtechnischen Untersuchungen, daß bei der SH für $S = 0,6$ ein einzelliger Wirbelkern existiert.

Da die Kennzahlen auf die Geometrie der Tornadosimulatoren ausgerichtet sind, können wesentliche Größen für das offene Strömungsfeld der SH nur aus den Messungen der Geschwindigkeitsverteilung abgeschätzt werden. Für die SH wurde die Drallzahl über die Zirkulation Γ bzw. über die tangentiale Geschwindigkeitskomponente v_φ am äußeren Rand der Zuflußzone ermittelt. Neben der in Kap. 7.3.3.1 beschriebenen Unsicherheit bei der Bildung der Geschwindigkeitsmittelwerte infolge der Fluktuation des Wirbelfeldes liegt vor allem in der Bestimmung des Konvergenzzonenradius r_0 aus der Geschwindigkeitsverteilung eine mögliche Fehlerquelle. Der Verlauf der Stromlinien läßt aber erkennen, daß der angenommene Wert für r_0 bereits die untere Grenze darstellt, so daß die Drallzahl eher zu niedrig als zu hoch angesetzt wurde.

Vergleicht man die Meßergebnisse von den Tornadosimulatoren und der SH für den statischen Druck im Kernzentrum, wird die Ursache für die unterschiedliche Kernstruktur deutlich. In den Tornadosimulatoren der Ward- bzw. Purdue-Bauart wurde für Drallzahlen $S > 0,3$ eine geringe Erhöhung des statischen Druckes mit zunehmender Höhe im Wirbelkern gemessen. Die Ursache für die Druckerhöhung längs der Wirbelachse ist der Strömungsgleichrichter (Baffle), der dem Abluftventilator zur Verringerung des tangentialen Impulses in der Strömung vorgeschaltet ist. Das Druckgefälle zwischen Baffle und Konvergenzzone induziert innerhalb des im zyklostrophischen Gleichgewicht stehenden

Wirbelkerns eine stationäre Rückströmung, die bei höheren Drallzahlen bis zum Fußpunkt des WK vordringt.

Im Gegensatz dazu ergaben die Untersuchungen an der SH, daß der statische Druck mit zunehmender Höhe im WK abnimmt. Durch die direkte Kopplung von Saugrohr und Strömungsfeld wirkt der Unterdruck im Einlaßquerschnitt unmittelbar auf den Wirbelkern und verhindert somit eine zentrale Rückströmung. Die gelegentlich impulsartig auftretende Rückströmung in der mittleren Kernzone ist vermutlich auf eine Reflektion der Außenströmung am Saugrohrflansch zurückzuführen, wie sie ebenfalls bei dem im Abluftbereich geometrisch ähnlichen Tornatosimulator von Ying und Chang /20/ beobachtet wurde.

8.2 Vergleich mit konventionellen Saughauben

Der konzentrierende Charakter der Wirbelströmung und die hohe Luftgeschwindigkeit im gesamten Strömungsfeld, auch im Bereich der Arbeitsfläche, bewirken, daß die Saughaube mit Wirbelströmung nur einen vergleichsweise geringen Abluftvolumenstrom benötigt, um eine ausreichende Saugwirkung zu erzielen. Eine Gegenüberstellung mit konventionellen Saughauben verdeutlicht diesen Sachverhalt, wenn für letztere eine Abschätzung der lufttechnischen Werte auf der Basis von Tab. 2.1 durchgeführt wird. Unter der Voraussetzung, daß Geometrie und Abluftvolumenstrom beider Saughauben gleich seien, werden im folgenden die Luftgeschwindigkeiten, bezogen auf die unterste Meßebene (ME 50) der SH mit Wirbelströmung, miteinander verglichen.

Bei einem Abluftvolumenstrom von $\dot{V}_{ab}$ - 145 m³/h beträgt für eine konventionelle Saughaube mit identischen Abmessungen die mittlere Luftgeschwindigkeit im Ansaugquerschnitt v - 0,21 m/s. Nach Tab. 2.1 reduziert sich diese Geschwindigkeit in einer axialen Entfernung von x - 0,45 m unterhalb der Haubenunterkante auf v - 0,028 m/s. Für die SH mit Wirbelströmung wurde in der gleichen Entfernung die geringste Geschwindigkeit am Rand des Strömungsfeldes mit v - 0,30 m/s gemessen, zusammengesetzt aus der vertikalen, tangentialen und radialen Geschwindigkeitskomponente. In diesem Fall ist die Erfassungsgeschwindigkeit über der Arbeitsfläche nahezu um den Faktor 11 größer als bei einer konventionellen SH, wobei allein die kleinste gemessene vertikale Komponente den Wert von v_z - 0,11 m/s erreicht. Umgekehrt ergibt sich, daß für eine konventionelle SH ein Abluftvolumenstrom von $\dot{V} = 1527$ m³/h erforderlich ist, um eine Erfassungsgeschwindigkeit von $v = 0,30$ m/s in einer axialen Entfernung von $x = 0,45$ m zu erzielen.

Wird bei der SH mit Wirbelströmung die Zuluft über ein an der Haube angeflanschtes Gebläse unmittelbar der Raumluft entnommen, reduziert sich gegenüber einer konventionellen SH der Luftwechsel im Raum bei vergleichbarer Saugwirkung um den Faktor 10,5. Eine weitere Verringerung des Raumluftwechsels, verbunden mit einer Reduzierung der Energiekosten, kann durch die Verwendung thermisch nicht aufbereiteter Außenluft im Ringstrahl erreicht werden. Der Grund für diesen Sachverhalt liegt in der Konzentration der Saugströmung auf den Bereich unterhalb der Saughaube. Im Gegensatz zu einer konventionellen SH wird die abgesaugte Luft im wesentlichen über die Zuflußzone und die innere Mischungszone des Luftschleiers ersetzt. Obwohl im gesamten Strömungsfeld eine ausreichende Transportgeschwindigkeit vorhanden ist, bleibt die radiale Geschwindigkeitskomponente und somit auch der von außen zufließende Volumenstrom klein.

Der Luftaustausch zwischen Luftschleier und Umgebungsluft in der äußeren Mischungszone hat auf den Schadstofftransport im Strömungsfeld keinen Einfluß. Der Stromlinienverlauf in Bild 7.28 zeigt, daß die Luft aus der inneren Mischungszone des Ringstrahls stets in den Wirkungsbereich des Saugrohres gelangt und somit einen Schadstoffaustritt über den Luftschleier verhindert.

Der Luftschleier ist im wesentlichen auch für die Stabilität der Strömung verantwortlich. Neben der Abschirmung des oberen Wirbelfeldes induziert er im Randbereich relativ hohe Luftgeschwindigkeiten, die den Einfluß von Raumluftstörungen vermindern. In Verbindung mit der hohen Tangentialkomponente in der Nähe des Wirbelkerns und dem hohen Unterdruck im Kernzentrum entsteht dadurch ein sehr stabiles Strömungsfeld, das im Vergleich zu dem konventioneller Saughauben durch Raumlufteinflüsse kaum gestört wird (vergl. Bild 7.10 . . . 7.15).

Im Rahmen dieser Arbeit wurden keine Untersuchungen über die Auswirkung von Aufbauten unterhalb der SH auf die Struktur und Stabilität des Strömungsfeldes durchgeführt. Frühere Untersuchungen bei der Entwicklung eines Laborabzuges mit Wirbelströmung /65, 66/ haben aber gezeigt, daß Aufbauten im Strömungsfeld zwar zu einer Deformation oder auch zum vollständigen Zusammenbruch des Wirbelkerns führen können, den Transport der Schadstoffe zum Saugrohr aber nicht wesentlich behindern. Der Grund für dieses Verhalten ist aus den LDA-Messungen der Geschwindigkeitsverteilung zu entnehmen. Die vertikale und die tangentiale Geschwindigkeitskomponente bestimmen die Hauptströmungsrichtung im Feld, während die radiale Komponente nur innerhalb der Zuflußzone und im Bereich des Luftschleiers größere Werte annimmt. Aufbauten im Bereich des inneren Wirbelfeldes stören die vertikale Strömung nur geringfügig, verhindern durch die Blockierung des Wirbelzentrums aber die Entwicklung eines ausgeprägten Wirbelkerns. Die tangentiale Strömung wird im Wirbelzentrum zwar ebenfalls behindert, aber im Außenbereich durch den Impulsaustausch mit dem Luftschleier ständig angefacht und verhindert somit einen Zusammenbruch des Wirbelfeldes auch dann, wenn ein ausgeprägter Wirbelkern nicht mehr existiert. Der Verdrängungseffekt von Aufbauten bewirkt allerdings eine Zunahme der radialen Ausdehnung des Wirbelfeldes und Verlagerung der Zuflußzone nach außen.

Ein weiterer Vorteil der SH mit Wirbelströmung im Vergleich zu konventionellen Saughauben liegt in der Entkopplung des Widerstandsbeiwertes ζ von dem aus dem Haubenöffnungswinkel α resultierenden Geschwindigkeitsprofil (vergl. Kap. 2.2.). Während bei konventionellen Saughauben ein völliges Geschwindigkeitsprofil nur bei großen Haubenwinkeln und somit hohem Widerstandsbeiwert erzielt werden kann, läßt die Geschwindigkeitsverteilung im Wirbelfeld die Wahl eines kleinen Haubenöffnungswinkels mit geringem Widerstandsbeiwert zu (vergl. Kap. 7.1.1) Die SH mit Wirbelströmung kann deshalb in einer flachen und raumsparenden Bauweise ausgeführt werden. Im Vergleich zu konventionellen Saughauben erfordert die SH mit Wirbelströmung auch keinen seitlichen Überhang über die Arbeitsfläche. Während erstere zur Erzielung einer ausreichenden Saugwirkung einen Überhang von 30 - 40 % der lichten Höhe zwischen Arbeitsfläche und Haubenunterkante aufweisen muß, kann der Durchmesser der SH mit Wirbelströmung auf die abzusaugende Fläche reduziert werden. Dadurch wird die Zugänglichkeit zur Arbeitsfläche wesentlich erleichtert.

Ein zusammenfassender Vergleich zwischen konventionellen Saughauben und der SH mit Wirbelströmung ergibt folgendes Bild.

- Konventionelle Saughauben sind lufttechnisch sehr wirksam, erfordern jedoch verhältnismäßig große Luftmengen, bieten große Flächen für Staubablagerungen und behindern die Beleuchtung. Die Saugwirkung wird durch Querströmungen stark beeinträchtigt /5/.

- Die Saughaube mit Wirbelströmung erfordert durch die zweischalige Bauweise und die Zuluftführung einen höheren Fertigungsaufwand, der sich durch die geringeren Abmessungen aber wieder relativiert. Bei vergleichbarer Saugwirkung ist ein wesentlich geringerer Energieeinsatz in Form von Gebläseleistung und abgesaugter, thermisch aufbereiteter Abluft erforderlich. Der Raumluftwechsel wird entscheidend reduziert. Die hohe Erfassungsgeschwindigkeit und der konzentrierende Charakter der Wirbelströmung sorgen für einen effektiven Schadstofftransport über die gesamte Höhe des Strömungsfeldes und reduzieren im Zusammenwirken mit dem abschirmenden Luftschleier den Einfluß von Raumluftstörungen auf das Transportverhalten der Strömung. Durch die geringeren Abmessungen der Saughaube wird der Zugang zum Arbeitsplatz erleichtert.

Die begrenzte Wirkung und der hohe Luftverbrauch industrieller Absauganlagen zwingen unter den Gesichtspunkten des Arbeitsschutzes und eines rationellen Energieeinsatzes zur Suche nach neuen Lösungen in der Absaugtechnik. In der vorliegenden Arbeit wird über Grundlagenuntersuchungen und die Entwicklung und Erprobung einer industriellen Saughaube mit Wirbelströmung berichtet. Das gesetzte Ziel, die Saugwirkung durch die Erzeugung einer tornadoähnlichen Wirbelströmung wesentlich zu verbessern, wurde erreicht.

Ausgehend von den Anforderungen und Einsatzbedingungen wurde das Konzept einer Saughaube mit Wirbelströmung entwickelt und in ein Experimentalmodell umgesetzt. Mit Hilfe eines numerischen Simulationsverfahrens konnte die Wirbelströmung dargestellt und der Einfluß von geometrischen und dynamischen Parametern auf die Struktur der Strömung ermittelt werden. Diese Untersuchungen lieferten wichtige Hinweise für die Auslegung eines mechanisch arbeitenden Wirbelgenerators, der im Rahmen von Voruntersuchungen für die experimentelle Darstellung des Strömungsfeldes eingesetzt wurde. Auf der Grundlage dieser Ergebnisse wurde das Modell einer Saughaube entwickelt, bei dem die Wirbelströmung durch einen ringförmigen Luftschleier erzeugt wurde. An diesem Modell wurde die Struktur des Wirbelfeldes, die Geschwindigkeitsverteilung und die Druckverteilung im Wirbelkern untersucht.

Die experimentellen Untersuchungen haben ergeben, daß mit Hilfe eines Luftschleiers, der über einen Ringspalt am unteren Haubenrand austritt, das charakteristische Strömungsfeld eines Tornados aufgebaut und für den Schadstofftransport zum Saugrohr genutzt werden kann. Die freie Wirbelströmung unterhalb der Saughaube wird durch den Luftschleier sowohl stabilisiert, als auch von Raumlufteinflüssen, vor allem Querströmungen, abgeschirmt. Das Strömungsfeld zeigt alle Merkmale, die in Schlauchwirbeln beobachtet und experimentell nachgewiesen werden konnten, wie die Ausbildung eines konzentrierten Wirbelkerns mit schichtartiger Struktur, die Entwicklung eines Wirbelknotens über der Grundfläche und die Bildung einer Ekmanschicht mit spiralförmig zum Wirbelzentrum verlaufenden Vorticitylinien in der Bodengrenzschicht. Durch den konzentrierenden Charakter der Strömung

werden Schadstoffe aus dem äußeren Bereich des Feldes zum Wirbelzentrum transportiert, wo hohe Erfassungsgeschwindigkeiten für einen
wirkungsvollen Schadstofftransport sorgen. Da ein wesentlicher Teil der
Abluft ausschließlich über die bodennahe Zuflußzone ersetzt wird, weist
die Strömung auch unmittelbar über der Arbeitsfläche ein ausreichen-
des Transportverhalten auf.

Wenn gleiche Erfassungsgeschwindigkeiten in den Randzonen des Strömungsfeldes vorausgesetzt werden, kann bei der Saughaube mit Wirbelströmung der Abluftvolumenstrom gegenüber konventionellen Saughauben um ca. 90 % verringert werden. Durch den niedrigen Abluftvolumenstrom wird ein rationeller Energieeinsatz gewährleistet, da sowohl der Wechsel thermisch aufbereiteter Raumluft als auch die Leistung des Abluftgebläses entscheidend reduziert werden können.

Literaturverzeichnis

/1/   Rötscher, H.: Industrielle Absauganlagen. Gesundheits-Ingenieur, Heft 19/20, 75. Jahrgang 1954, S. 311 - 318.

/2/   Fanger, P. O.: Thermal Comfort. Mc Graw - Hill Book Company, New York, 1972, S. 19 - 67.

/3/   Presser, K. H.: Behaglichkeit in Arbeitsräumen: Einfluß der Luftführung. Maschinenmarkt, Würzburg, 84 (1978) 87, S. 1695 - 1699.

/4/   Bach, H.; Dittes, W.: Belüftung von Industriehallen, HLH Bd. 37 (1986) Nr. 8, S. 411 - 418.

/5/   Recknagel / Sprenger: Taschenbuch für Heizung + Klimatechnik. R. Oldenbourg München Wien 1981, S. 1373 - 1391.

/6/   Dittes, W.; Goettling, D.; Wolf, H.: Arbeitsplatzluftreinhaltung - Schadstofferfassungseinrichtungen in der Fertigungstechnik. Wirtschaftsverlag NW, Bremerhaven, 1985.

/7/   Rötscher, H.: Grundlagen der Lüftungs- und Klimatechnik. Hanser, München Wien, 1982.

/8/   Truckenbrodt, E.; Fluidmechanik. Springer-Verlag, Berlin Heidelberg New York, 1980, Bd. 2, S. 166.

/9/   Dalla Valle, J. M.; Exhaust Hoods. Industrial Press, New York 1952.

/10/   Serrin, J.: Handbuch der Physik, Bd. VIII/1, 1959, S. 248.

/11/   Dubbel: Taschenbuch für den Maschinenbau. 13. Auflage, Springer-Verlag, Berlin Heidelberg New York, 1974.

/12/   Hamel, G.: Spiralförmige Bewegungen zäher Flüssigkeiten. Jahresbericht der Deutschen Mathem. - Vereinigung, XXV, 1. Abt. Heft 1/3.

/13/   Oseen, C. W.: Über Wirbelbewegungen in einer reibenden Flüssigkeit. Ark. Mat., Astr. Fys. 7 (1911) Nr. 14, S. 1 - 13.

/14/ Betz, A.: Naturwiss. 37 (1950), S. 193.

/15/ Kaden, H.: Ing.-Archiv 2 (1931), S. 140.

/16/ Drescher, H.: Z. Flugwissenschaft 4, (1956), S. 19.

/17/ Timme, A.: Über die Geschwindigkeitsverteilung in Wirbeln. Ing. Archiv 25, 1957, S. 205 - 225.

/18/ Lugt, H. J.. Wirbelströmung in Natur und Technik. G. Braun, Karlsruhe, 1979.

/19/ Kaufmann, W.: Über die Ausbreitung kreiszylindrischer Wirbel in zähen (viskosen) Flüssigkeiten. Ing. Archiv 31, 1962, S. 1 - 9.

/20/ Ying, S. J., Chang, C. C.: Exploratory Model Study of Tornado-Like Vortex Dynamics. Journal of the Atmospheric Sciences, Vol. 27, No. 1, 1970, S. 3 - 14.

/21/ Ward , N. B.: The Exploration of Certain Features of Tornado Dynamics Using a Laboratory Model. Journal of the Atmospheric Sciences, Vol. 29, 1972, S. 1194 - 1204.

/22/ Davies - Jones, R. P.. The Dependence of Core Radius on Swirl Ratio in a Tornado Simulator. Journal of the Atmospheric Sciences, Vol. 30, 1973, S. 1427 - 1430.

/23/ Church, C. R.; Snow, J. T.; Baker, G. L.; Agee, E. M.: Characteristics of Tornado-Like Vortices as a Function of Swirl Ratio: A Laboratory Investigation. Journal of the Atmospheric Sciences, Vol. 36, 1979, S. 1755 - 1776.

/24/ Lewellen, W. S.: A solution for three-dimensional vortex flows with strong circulation. Journal of Fluid Mechanics, Vol. 14, part 3, 1962, S. 420 - 433.

/25/ Rotunno. R.: Numerical Simulation of a Laboratory Vortex. Journal of the Atmospheric Sciences, Vol. 34, 1977, S. 1942 - 1956.

/26/ Snow, J. T.: Designing Experiments for Investigating Columnar Vortices. Computational Methods and Experimental Measurements, Proceedings of the International Conference, Washington D. C., 1982, S. 129 - 139.

/27/ Harlow, F. H.; Stein, L. R.: Structural Analysis of Tornado-Like Vortices. Journal of the Atmospheric Sciences, Vol. 31, 1974, S. 2081 - 2098.

/28/ Rotunno, R.: A Study in Tornado-Like Vortex Dynamics. Journal of the Atmospheric Sciences, Vol. 36, 1979, S. 140 - 155.

/29/ Rotunno. R.: On the Relation Between the Thunderstorm Updraft and Tornado Formation. Vortex Motion, Vieweg - Verlag, 1982, S. 122 - 141.

/30/ Wilson, T.; Rotunno, R.: Numerical Simulation of a Laminar Vortex Flow. Computational Methods and Experimental Measurements, Proceedings of the International Conference, Washington D. C., 1982, S. 203 - 215.

/31/ Smith, D. R.: Comparative Studies of Tornado-Like Vortices. Computational Methods and Experimental Measurements, Proceedings of the International Conference, Washington D. C., 1982, S. 141 - 150.

/32/ Smith, D. R.. Effect of Boundary Conditions on Numerically Simulated Tornado-Like Vortices.

/33/ Gall, R. L.. Internal Dynamics of Tornado-Like Vortices. Journal of the Atmospheric Sciences, Vol. 39, 1982, S. 2721 - 2736.

/34/ Walko, R.; Gall, R. L.. A Two-Dimensional Linear Stability Analysis of the Multiple Vortex Phenomenon. Journal of the Atmospheric Sciences, Vol. 41, 1984, S. 3456 - 3471.

/35/ Gall, R. L.: Linear Dynamics of the Multiple-Vortex Phenomenon in Tornados. Journal of the Atmospheric Sciences, Vol. 42, 1985.

/36/ Walko, R.; Gall, R. L.: Some Effects of Momentum Diffusion on Axisymmetric Vortices. Journal of the Atmospheric Sciences. Vol. 43, 1986, S. 2137 - 2148.

/37/ Gillies, G.; Withnell, G.; Glass, J.: Laboratory Production of Tornado-Like Vortices. Notes and Correspondence, Journal of the Atmospheric Sciences, Vol. 31, 1974, S. 2231 - 2233.

/38/ Howells, P.; Smith, R. K.: Numerical Simulations of Tornado-Like Vortices. Geophys. Astrophys. Fluid Dynamics, Vol. 27, 1983, S. 253 - 284.

/39/ Snow, J. T.: A Review of Recent Advances in Tornado Vortex Dynamics. Review of Geophysics and Space Physics, Vol. 20, No. 4, 1982, S. 953 - 964.

/40/ Snow, J. T.; Church, C. R.; Barnhart, B. J.: An Investigation of the Surface Pressure Fields beneath Simulated Tornado Cyclones. Journal of the Atmospheric Sciences, Vol. 37, 1980, S. 1013 - 1026.

/41/ Baker, G. L.; Church, C. R.: Measurements of Core Radii and Peak Velocities in Modeled Atmospheric Vortices. Journal of the Atmospheric Sciences, Vol. 36, 1979, S. 2413 - 2424.

/42/ Ayad, S. S.: A Turbulence Model for Tornado-Like Swirling Flows. Ph. D. Thesis, Colorado State University, 1980.

/43/ Patankar, S. V.; Spalding, D. B.: A Calculation Procedure for Heat, Mass and Momentum Transfer in Three - Dimensional Parabolic Flows. Int. J. Heat Mass Transfer, Vol. 15, 1972, S. 1787.

/44/ Neuberger, A. W.; Chatwani, A. U., Eickhoff, J.; Koopman, J.: Zur Entwicklung von Berechnungsverfahren für elliptische Drallströmungen. Z. Flugwiss. Weltraumforschung 8, 1984, S. 88 - 96.

/45/ Rodi, W.: Turbulence Models and their Application in Hydraulics. University of Karlsruhe, 1980.

/46/ Launder, B. E.; Spalding, D. B.. Lectures in Mathematical Models of Turbulence, Academic Press, 1972.

/47/ Loy, T.; Durst, F.: Teach: Ein Berechnungsverfahren für zweidimensionale laminare und turbulente Strömungen, Bericht Nr. 588, Institut für Hydromechanik, Univ. Karlsruhe, 1981.

/48/ Popov, S. G.: Strömungstechnisches Meßwesen; Eine Einführung. VEB Verlag Technik, Berlin 1958.

/49/ Eliasson, B.; Dändliker, R.: A Theoratical Analysis of Laser-Doppler-Flow-Meters. Optica Acta 21, 1974, S. 119.

/50/ Durst, F.; Melling, A.; Whitelaw, J. H.: Principles and Practice of Laser-Doppler-Anemometry, Academic Press, 1981.

/51/ Drain, L. E.: The Laser-Doppler Technique. Wiley-Interscience Publication, John Wiley & Sons, Chichester, 1980.

/52/ Ruck, B.: Untersuchungen zur optischen Messung von Teilchengröße und Teilchengeschwindigkeit mit Streulichtmethoden. Dissertation, Universität Karlsruhe, 1981.

/53/ Breuckmann, B.; Thieme, W.: Computer-aided Evaluation of Holographic Interferograms using the Phase-shift Method. Applied Optics, Vol. 24, No. 14, 1985, S. 2145 - 2149.

/54/ Vest, C. M.: Holographic Interferometry. John Wiley & Sons, New York / Chichester / Brisbane / Toronto, 1979, S. 254 - 322.

/55/ Gooderum, P. B. and Wood, G. P.: NACA TN 2173, 1950.

/56/ Ruck, B.: Laser-Doppler-Anemometrie. Laser und Optoelektronik, Nr. 4, 1985, S. 362 - 375.

/57/ Buchhave, P.: Biasing errors in individual particle measurements with the LDA-counter signal processor. Proceedings of the LDA-Symposium Copenhagen, 1975.

/58/ Wiedemann, J.: Laser - Doppler - Anemometrie. Springer - Verlag, Berlin Heidelberg New York Tokyo, 1984.

/59/ Denner, W. J.; Schmutz, W.: Geschwindigkeitsmessungen mit dem Laser-Doppler-Anemometer. 25 Jahre IPA, Fraunhofer-Institut für Produktionstechnik und Automatisierung, Stuttgart, 1984, S. 129 - 131.

/60/ v. Kahlden, T.; Denner, W. J.; Schmutz, W.: Prozeßrechnergesteuertes Laser-Doppler-Anemometer. Technisches Messen, 52. Jahrgang, Heft 9/1985, S. 332 - 334.

/61/ Yanta, W. J.; Gates, D. F.; Brown, F. W.: The Use of a Laser-Doppler-Velocimeter in Supersonic Flow. AIAA 6th Aerodynamic Testing Conference, Albuquerque, N., M., 1971.

/62/ Breuckmann, B.; Thieme, W.: Interner Bericht, 1984.

/63/ Diamond, C. J.; Wilkins, E. M.: Translation Effects on Simulated Tornados. Journal of the Atmospheric Sciences, Vol. 41, 1984, S. 2574 - 2580.

/64/ Church, C. R.; Snow, J. T.: Measurements of Axial Pressures in Tornado-Like Vortices. Journal of the Atmospheric Sciences, Vol. 42, 1985, S. 576 - 582.

/65/ Denner, W. J.; Schweizer, M.: Entwicklung von neuartigen Laborabzugssystemen durch moderne Berechnungs- und Meßverfahren. 25 Jahre IPA, Fraunhofer Institut für Produktionstechnik u. Automatisierung, Stuttgart, 1984, S. 125 - 128.

/66/ Entwicklung und Optimierung von zuluftbetriebenen Laborabzügen. Abschlußbericht, Fraunhofer Institut für Produktionstechnik u. Automatisierung, Stuttgart, 1982.

IPA Forschung und Praxis
Schriftenreihe aus dem Institut für Produktionstechnik und Automatisierung, Stuttgart

Herausgeber: Prof. Dr.-Ing. H. J. Warnecke

Stufenweise Ableitung eines praktischen Planungssystems für den Entwicklungsbereich
Von R Hichert ISBN 3-7830-0149-8
1978, 151 Seiten, kartoniert   52.— DM

Produktionsplanung mit Auftragsfamilien
Von U W Geitner ISBN 3-7830-0161 7
1979, 110 Seiten, kartoniert   45 — DM

Thermisch-chemisches Entgraten
Von T Wagner ISBN 3-7830-0164-1
1979, 111 Seiten, kartoniert   45 — DM

Untersuchung der Materialflußkosten bei ausgewählten Systemen der Zentralen Arbeitsverteilung
Von R Wenzel ISBN 3-7830-0162-5
1979, 168 Seiten, kartoniert   86 — DM

Anpassung und Einführung eines Planungssystems für die Ablaufplanung im Konstruktionsbereich
Von W Dangelmaier ISBN 3-7830-0163-3
1979, 168 Seiten, kartoniert   80 - DM

Längenmessungen an bewegten Teilen mit beruhrungslos wirkenden Aufnehmern
Von H Lang ISBN 3-7830-0157-9
1979, 89 Seiten, kartoniert   42 — DM

Untersuchung multistabiler Stromungselemente und ihr Einsatz in sequentiellen Steuerungen
Von A Ernst ISBN 3-7830-0157-9
1979, 122 Seiten, kartoniert   48 — DM

Taktile Sensoren für programmierbare Handhabungsgeräte
Von M Schweizer ISBN 3-7830-0158-7
1979, 91 Seiten, kartoniert   42 — DM

Die rechnerunterstützte Prüfplanung
Von P Blasing ISBN 3-7830-0152-8
1979, 100 Seiten, kartoniert   44 — DM

Verfahren zur Fabrikplanung im Mensch-Rechner-Dialog am Bildschirm
Von W Ernst ISBN 3-7830-0156-0
1979, 218 Seiten, kartoniert   72 — DM

Rechnerunterstütztes Verfahren zur Leistungsabstimmung von Mehrmodell-Montagesystemen
Von M Gorke ISBN 3-7830-0155-2
1979, 139 Seiten, kartoniert   50 -- DM

Standortbezogene Betriebsmittel
Von G Pflieger ISBN 3-7830-0167-6
1979, 127 Seiten kartoniert   52 — DM

Die betriebswirtschaftliche Beurteilung neuer Arbeitsformen
Von B -H Zippe ISBN 3-7830-0168-4
1979, 350 Seiten, kartoniert   98 — DM

Untersuchung des Arbeitsverhaltens programmierbarer Handhabungsgerate
Von B Brodbeck ISBN 3-7830-0169-2
1979, 117 Seiten, kartoniert   48 — DM

Untersuchung eines kohärent-optischen Verfahrens zur Rauheitsmessung
Von N Rau ISBN 3-7830-0174-9
1979, 117 Seiten, kartoniert   48 — DM

Entwicklung einer programmierbaren, pneumatischen Steuerung
Von D Klemenz ISBN 3-7830-0171-4
1979, 93 Seiten, kartoniert   42.— DM

IPA Forschung und Praxis

Berichte aus dem Fraunhofer-Institut für Produktionstechnik und Automatisierung, Stuttgart, und dem Institut für Industrielle Fertigung und Fabrikbetrieb der Universität Stuttgart

Herausgeber Prof Dr -Ing H J Warnecke

IPA-IAO Forschung und Praxis

Berichte aus dem Fraunhofer-Institut für Produktionstechnik und
Automatisierung (IPA), Stuttgart, Fraunhofer-Institut für Arbeitswirtschaft
und Organisation (IAO), Stuttgart, und Institut für Industrielle Fertigung
und Fabrikbetrieb der Universität Stuttgart

Herausgeber: Prof. Dr.-Ing. H. J. Warnecke und Prof. Dr.-Ing. H.-J. Bullinger

Die Bände sind im Erscheinungsjahr und in den folgenden drei Kalenderjahren zu beziehen durch den örtlichen Buchhandel oder durch Lange & Springer, Otto-Suhr-Allee 26-28, 10585 Berlin 10.